中山間地域の再生と持続的発展
―中国地方を中心とした研究と提言―

広島県立大学教授
荒 木 幹 雄 編 著

2001

東 京
株式会社
養 賢 堂 発 行

執筆者紹介

坪本毅美　広島県立大学　生物資源学部　教授
前川俊清　広島県立大学　生物資源学部　助教授
荒木幹雄　広島県立大学　生物資源学部　教授
笛木　昭　広島県立大学　生物資源学部　教授
藤田　泉　広島県立大学　生物資源学部　助教授
黒木英二　広島県立大学　生物資源学部　助教授
相川哲夫　広島県立大学　生物資源学部　教授
木原　隆　広島県立大学　大学院博士課程

（2001年3月現在）

はじめに

　21世紀を迎え，社会は大きく構造転換しつつある．国際化を深めるわが国社会の重要な一環を占める中山間地域も，それらの変動と連繋を深めつつ大きく変化しつつある．中山間地域農業・農村を解体させることは，自然的にも，経済的にも，政治的にも，わが国社会基盤の重要な一角を解体させることであり，ひいてはわが国社会の崩壊にもつながるのである．

　情勢の変化に対応し，農業基本法は廃止され，新たに食料・農業・農村基本法が公布・施行されたことに象徴されるように，農政のあり方も抜本的に見直され，中山間地域に対しても農政史上初の直接支払制度が発足することとなった．中山間地域農業・農村の重要性は従前から繰り返し説かれてきたところではあるが，近年の危機的状況を踏まえ，中山間地域の農業・農村の重要性が改めて位置づけ直されたのである．

　このような事態に対応し，深刻化しつつある中山間地域の農業・農家の実態を正しく捉え，そこからの再生の道筋を提起することが要請されている．もちろんそのような研究は相次いで提出されている．しかし事態はますます深刻化しつつある．とくに西日本中山間地域における過疎化は，日本の中でもより深刻化している．中山間地域農業・農村の再生を実現するためには，それぞれの地域の特長を正しく捉え，その特長を生かした発展の筋道を明確にし，展望を描くことが出発点とならねばならない．そのような努力が各地域で積み上げられることが必要である．

　中国地域に関する実証的・理論的研究は，地域においてもそれなりに積み重ねられてきた．広島県立大学関係者は，すでに小野誠志編著『中山間地域農村の展開―地域産業広域複合経済圏の構築―』（筑波書房，1997年）を発刊し，「問題が発生してきた要因を国民経済の発展の構造変動の視点から捉え，自然と経済の両面から，中山間地域農村の『あり方』を追求」してきたとされている．

　本書では，この流れを受け継ぎ，そしてより西日本中山間地域，とくに中

[2]　　はじめに

国山地の中央部をその北部にもっている広島県の実態を踏まえながら，広島県立大学生物資源学部生物資源管理学科の研究者が，それぞれの専門の立場から検討した結果を提出した．

　中山間地域研究の深化へ向けての一つの提起として受け止めて頂き，多面的なご指導，ご批判を頂きたい．

2000 年 11 月

荒木幹雄

目　　次

第1章　中山間地域の統計的分析（坪本毅美）･･････････････････1
　1.1　問題意識･･1
　1.2　わが国国土の都道府県別地形，傾斜度別特徴と中山間地域･･････････2
　　（1）地形条件による中山間地域の特徴････････････････････････････2
　　（2）傾斜条件による中山間地域の特徴････････････････････････････3
　　（3）地形と傾斜度の相互関係―自然立地規定―････････････････････4
　　（4）労働力移動による中山間地域の規定性―交通（市場）立地規定―･･････4
　　（5）広島県における経営耕地面積の狭小････････････････････････････5
　　（6）地形条件，傾斜条件，土地所有関係が農業生産力を規定する･･････････6
　　（7）国土の不均等発展と国民の幸福･･････････････････････････････6
　1.3　わが国農業の都府県別特徴･･･････････････････････････････････7
　　（1）専兼別農家の推移･･7
　　（2）都道府県別専業農家比率･･･････････････････････････････････8
　　（3）都道府県別作目構成･･････････････････････････････････････8
　　（4）農業粗生産額の地域的分布････････････････････････････････10
　　（5）土地利用の動向･･12
　　（6）都道府県別1人当たり県民所得････････････････････････････14
　1.4　わが国産業発展の地域的偏在･････････････････････････････････16
　　（1）製造業分布の地域格差････････････････････････････････････16
　　（2）商業分布の地域格差･･････････････････････････････････････17
　　（3）産業の集積は継続している･･･････････････････････････････18
　1.5　高齢化の実態･･20
　1.6　広島県内における農業と地域格差･･････････････････････････････21
　　（1）広島県の農業･･21
　　（2）高齢化の実態･･21
　　（3）農業就業･･22

1.7 中山間地域農業の矛盾と発展 ・・・・・・・・・・・・・・・・・・・・・・・・・・・・・・・・・・25

第2章 条件不利と言われる中国地方の地理的特徴の有利条件
　　　　　（前川俊清）・・・・・・・・・・・・・・・・・・・・・・・・・・・・・・27
2.1 課題の本質と議論の流れ・・・・・・・・・・・・・・・・・・・・・・・・・・・・・・・・・・27
　（1）農村の不利条件・・・・・・・・・・・・・・・・・・・・・・・・・・・・・・・・・・・・・・・27
　（2）地域のまとまり・・・・・・・・・・・・・・・・・・・・・・・・・・・・・・・・・・・・・・・28
　（3）中山間地域の相対的不利評価・・・・・・・・・・・・・・・・・・・・・・・・・・・29
　（4）議論の流れ・・・29
2.2 中山間地域の一般的不利・・・・・・・・・・・・・・・・・・・・・・・・・・・・・・・・・・30
　（1）地形から来る不利・・・・・・・・・・・・・・・・・・・・・・・・・・・・・・・・・・・・・31
　（2）気象から来る不利・・・・・・・・・・・・・・・・・・・・・・・・・・・・・・・・・・・・・31
　（3）生物から来る不利・・・・・・・・・・・・・・・・・・・・・・・・・・・・・・・・・・・・・31
　（4）社会から来る不利・・・・・・・・・・・・・・・・・・・・・・・・・・・・・・・・・・・・・32
　（5）経済から来る不利・・・・・・・・・・・・・・・・・・・・・・・・・・・・・・・・・・・・・33
　（6）連携不足から来る不利・・・・・・・・・・・・・・・・・・・・・・・・・・・・・・・・・34
2.3 地形と地質と気象・・34
　（1）地　形・・・35
　（2）地　質・・・39
　（3）気　象・・・39
2.4 生　　態・・40
　（1）有機物の回収・・・40
　（2）生態系の食物連鎖・・・・・・・・・・・・・・・・・・・・・・・・・・・・・・・・・・・・・40
　（3）農業の生態系・・・41
　（4）絶滅危惧種とありきたりの生物・・・・・・・・・・・・・・・・・・・・・・・・・・42
2.5 インフラストラクチャー・・・・・・・・・・・・・・・・・・・・・・・・・・・・・・・・・・・42
　（1）道　路・・・42
　（2）ダ　ム・・・43
　（3）農地整備・・・44

(4) 情報化・・44
　2.6 社　　会・・・44
　2.7 地域活性化の指針・・・・・・・・・・・・・・・・・・・・・・・・・・・・・・・・・・・・・・46
　摘　　要・・・48

第3章　中山間地域における農業・農家の再編過程（荒木幹雄）・・・51
　　　　―広島県備北地域の過疎化と農民層分解―
　3.1 はじめに・・・51
　3.2 広島県備北地域（中山間農業地域）農業・農家再編過程の概要・・・・53
　　(1) 庄原市（中間農業地域）の場合・・・・・・・・・・・・・・・・・・・・・・・・53
　　(2) 比和町（山間農業地域）の場合・・・・・・・・・・・・・・・・・・・・・・・・60
　　(3) まとめ―中山間農業地域過疎化の状況―・・・・・・・・・・・・・・・・64
　3.3 農業・農家の再編をもたらした条件・・・・・・・・・・・・・・・・・・・・・・66
　　(1) 製炭業の衰退・・・・・・・・・・・・・・・・・・・・・・・・・・・・・・・・・・・・・・・66
　　(2) 役肉用牛飼養の後退・・・・・・・・・・・・・・・・・・・・・・・・・・・・・・・・・66
　　(3) 稲作の後退と発展・・・・・・・・・・・・・・・・・・・・・・・・・・・・・・・・・・・67
　　(4) 酪農などの発達・・・・・・・・・・・・・・・・・・・・・・・・・・・・・・・・・・・・・71
　　(5) 営農集団組合・・・・・・・・・・・・・・・・・・・・・・・・・・・・・・・・・・・・・・・71
　　(6) 農家兼業化の深化・・・・・・・・・・・・・・・・・・・・・・・・・・・・・・・・・・・73
　　(7) 開発の推進・・・75
　3.4 結　　語・・・78
　　(1) 過疎化がもたらしたもの
　　　　―地域の労働力と資源の放棄および外部からの資源の導入―・・・・・・・・78
　　(2) 過疎化の現況―農民層分解の強行と地域構造の再編―・・・・・・・・・79
　　(3) 過疎化と住民の課題―緊急の課題と長期的課題―・・・・・・・・・・・81

第4章　新しい地域農林業の発展方向（笛木　昭）・・・・・・・・・・・・・・・83
　　　　―市民パワーと自主選択をNGOと芸北町に見る―
　4.1 経済発展にともなう過疎，農林業陥没と再編の方向・・・・・・・・・83

(1) 自作小農経営の発展と解体 ………………………………… 83
　　(2) 自作小農解体と農山村過疎化の進行 ……………………… 84
　　(3) 新しい担い手形成と地域農業の改革・再編 ……………… 86
　　(4) 中国地方中山間地域の農業発展方向 ……………………… 86
　4.2 "もりメイト倶楽部 Hiroshima" の地域林業への取り組み …… 87
　　(1) もりメイト養成講座参加者を核に発足 …………………… 87
　　(2) もりメイト倶楽部の活動 …………………………………… 88
　　(3) 活動成果と組織の発展 ……………………………………… 88
　　(4) 森林・林業の再生を目指して参加 ………………………… 89
　　(5) 食料，林業，環境等の問題を憂うメンバーの意見 ……… 90
　　(6) まとめ ………………………………………………………… 91
　4.3 山県郡芸北町の農林業興し―芸北町の概況― ……………… 91
　　(1) 林業活用の地域興し ………………………………………… 92
　　(2) 芸北町農業の先駆的な担い手 ……………………………… 94
　　(3) 芸北町役場職員の地域振興への意識と行動 …………… 101
　4.4 市民農園の展開 ………………………………………………… 102

第5章　中山間地域農業の持続性と地域複合経済の課題（藤田　泉）105
　5.1 課　　題 ………………………………………………………… 105
　5.2 自然資本と循環型経済構造 …………………………………… 108
　　(1) 自然資本と資源 ……………………………………………… 108
　　(2) 持続可能性と循環型経済構造 ……………………………… 112
　5.3 地域複合経済循環構造の構築と持続性の課題 ……………… 116
　　(1) 有機栽培農家の物質循環と持続性 ………………………… 116
　　(2) 地域複合経済構造構築の課題―広島三次ワイナリーを事例として― … 120
　5.4 おわりに ………………………………………………………… 127

第6章　中山間地域におけるフードシステムの展開（黒木英二）・131
　6.1 課題設定の背景 ………………………………………………… 131

(1) 中山間地域におけるアグリビジネス起業の必要性 ････････････ 131
　　(2) アグリビジネスの課題―自治体による取引費用節減への期待― ･･････ 132
　6.2 庄原市によるアグリビジネス推進―農村文化および資源結集型― ･･････ 133
　6.3 自治体推進のアグリビジネスの課題 ････････････････････････ 136
　6.4 広島県千代田町と大朝町におけるアグリビジネス
　　　―地域間連携型― ････････････････････････････････････ 137
　　(1) 産直部会 ･･ 137
　　(2) 大朝町地域食材供給施設 ････････････････････････････ 137
　　(3) 高齢者生産者の対応―複数取引経路の選択― ････････････ 139
　　(4) 生産者間の地域連携 ････････････････････････････････ 139
　　(5) 農協による緩やかな地域間連携の必要性 ････････････････ 141

第7章　中山間地域における土地改良施設維持管理の
　　　　新しい費用負担方式（木原　隆・相川哲夫）････････････ 143
　7.1 はじめに ･･ 143
　7.2 多次元的評価手法としての便益価分析法 ････････････････････ 144
　7.3 便益価分析法を用いた多次元的評価 ････････････････････････ 147
　　(1) 土地改良事業の目標設定 ････････････････････････････ 147
　　(2) 多面的活性化戦略目標の重点度調査 ････････････････････ 149
　　(3) 便益価の算定 ････････････････････････････････････ 151
　7.4 土地改良施設の維持管理費用負担 ････････････････････････ 155
　7.5 まとめ ･･ 158

第8章　中山間地域自立促進への新たな計画コンセプト（相川哲夫）159
　8.1 農村地域政策のパラダイム転換過程 ････････････････････････ 159
　8.2 過疎・過密地域カテゴリーによる計画コンセプト ････････････ 161
　8.3 振興拠点・開発軸による計画コンセプト ････････････････････ 162
　8.4 定住圏・シビルミニマムによる計画コンセプト ････････････････ 167
　8.5 空間分業による計画コンセプト（Ⅰ）････････････････････････ 171

8.6 空間機能分業による計画コンセプト（Ⅱ）……………………… 173
　(1) 機能空間的分業の概念 ……………………………………… 173
　(2) 地域間競争と空間分業の最適化 …………………………… 175
　(3) 機能空間的分業と分業メリットの内部化 ………………… 177
　(4) 農村空間機能の重点化とデザイン・コントロール ……… 180

おわりに……………………………………………………………… 187
索引…………………………………………………………………… 191

第1章　中山間地域の統計的分析

1.1　問題意識

　中山間地域は，農水省の統計概念では，中間地域と山間地域を合わせた地域であり（全国3249市町村中1793市町村が該当），農業への依存が強く，就業機会に恵まれず，人口流出による家族や共同体の崩壊，過疎化，老齢化の進行するなどの基本的には経済的活動の停滞に見舞われた地域と考えられている（「平野の周辺部から山間地に至るまとまった耕地が少ない地域（農業白書，平成元年）」）．参考文献[i]によれば，中国地方各県において，中山間地域の定義には，差異が見られる．条件不利地域を対象とする関係5法（山振法，過疎法，半島法，離島法，特定農山村法）の指定地域，農林統計区分の中間農業地域と山間農業地域を合わせた地域，広島県においては関係5法に加えて広島県建設事業負担金条例に基づく山村区域を組み合わせた定義などである．これらの地域に対してどのような対応策をとれば，新たな展望を切り開くことができるのかという困難な問題へのアプローチの一歩として，ここでは統計的実態分析を担当する．しかし，紙数の制限によって都道府県単位の大雑把な分析にとどめざるを得ない．そのなかで広島県の中山間地域をどのように位置付けるのかを外在的分析ではあるが，可能な限り明らかにしたいと考える．

　過密の都市と過疎地域との経済条件を始めとする激しい地域格差を解消することは，これまで同様，平成10年の全国総合開発計画にも，その長期的展望に立った国土計画の目標として掲げられている．

---

[i] 平成10年度調査研究報告書「中国地方中山間地域集落の現状と対策のあり方，中山間地域における高齢者等に対する日常生活支援対策の研究」，中国地方中山間地域振興協議会

(2)　第1章　中山間地域の統計的分析

1.2　わが国国土の都道府県別地形，傾斜度別特徴と中山間地域

（1）地形条件による中山間地域の特徴

　先の定義に従って，中山間地域の特徴を明らかにするために，地形的条件を取り上げる．地形別では，山地（Mountain），丘陵地（Hill land），台地（Upland），低地（Lowland），内水域等（Inland water, etc）の五つの分類に従って，そのうちの山地比率によって都道府県別の特徴を概括する．山地比率

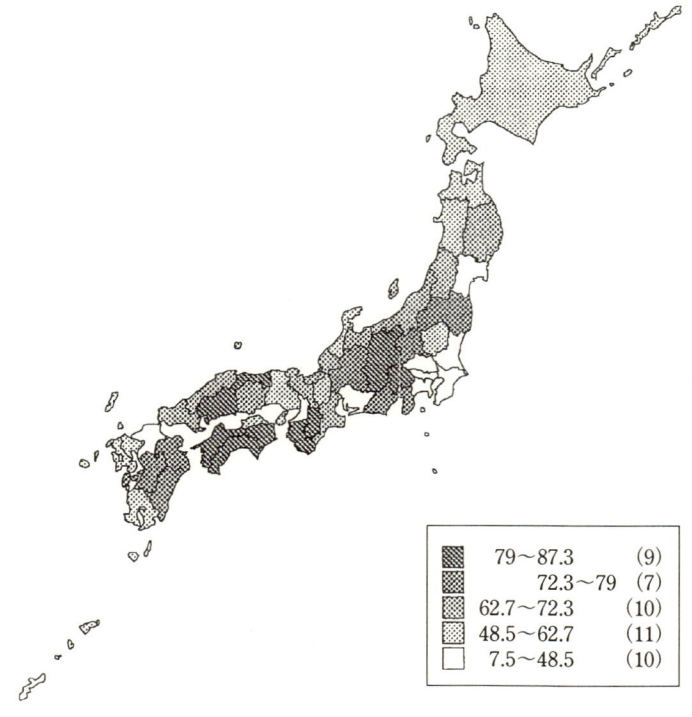

図 1.1　都道府県別土地面積に占める山地の割合
　　　資料：国土庁「国土統計要覧」により作成

1.2 わが国国土の都道府県別地形,傾斜度別特徴と中山間地域　　(3)

の高い都道府県が中山間地域としての条件を備えていると単純に想定してみるのである．このような地形区分は，1 km^2 の標準地域メッシュを単位として最大の面積をもつ地形によって判定分類された結果である．第1.1図によれば，山地の面積比率の最も高い都道府県は，長野県，山梨県，奈良県，和歌山県，香川県を除く四国各県，鳥取県，広島県等で，そのシェアは，79〜87.3％を占めている．

(2) 傾斜条件による中山間地域の特徴

第2には 0°〜3°，3°〜8°，8°〜15°，15°〜20°，20°〜30°，30°以上という傾斜度区分に従って，都道府県の特徴を概括する．傾斜度も

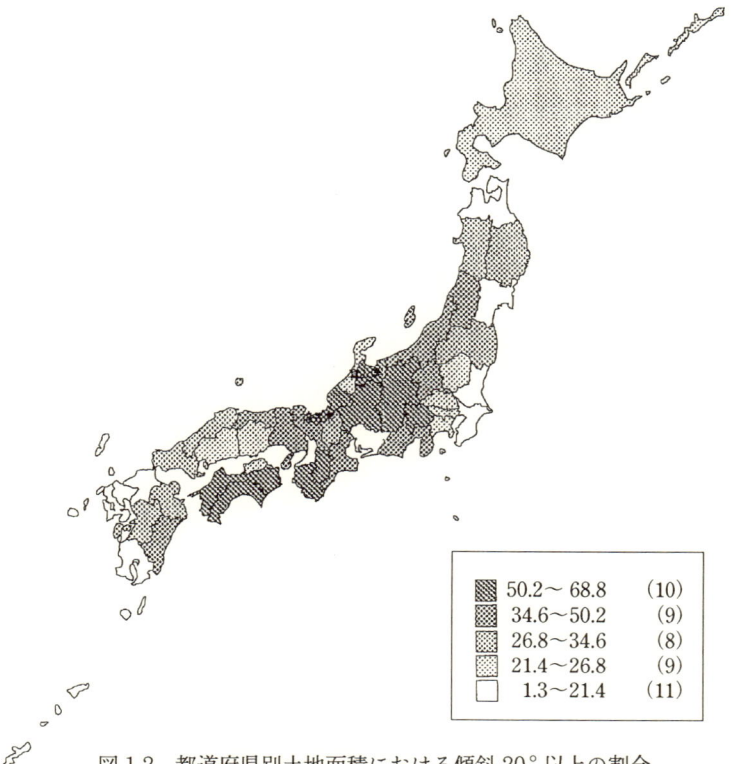

凡例	区分	(数)
	50.2〜68.8	(10)
	34.6〜50.2	(9)
	26.8〜34.6	(8)
	21.4〜26.8	(9)
	1.3〜21.4	(11)

図 1.2　都道府県別土地面積における傾斜 20°以上の割合
資料：国土庁「国土統計要覧」により作成

山地と同様に，標準地域メッシュを単位にして計測され，最大傾斜度によって判定されている．ここでは，傾斜度20°以上の面積比率を地図に区分して，都道府県の特徴を概括する．傾斜度20°以上の面積比率の最も高い県は，長野，山梨，岐阜，富山，福井，奈良，和歌山，香川を除く四国各県などで，その面積シェアは50.2％から68.8％である．

（3）地形と傾斜度の相互関係—自然立地規定—

　傾斜度の厳しい都道府県には先に見た山地比率の高位県に加えて，新たに岐阜，富山，福井が加わり，広島県がぬける．広島県の傾斜度20°以上の面積シェアは，21.4～26.8％であり，中山間地域ではあるが，傾斜度条件では比較的恵まれた緩やかな地形を持っていることがわかる．農業生産への従事を決意し，あるいは決意せざるを得ない労働力は，このような農業生産を規定する主な地域資源たる土地の特性と対峙しなければならない．農業的利用を規定する土地資源の地形ならびに傾斜度の実態によれば，広島県の中山間地域農業は，その分布土地の性質，形態から急傾斜地農業を展開せざるを得ない地域に比較して，労働生産性の高い農業を展開できる農地属性を基盤にしている，といえよう．

　地形や傾斜などの自然立地規定は，土地の豊かさを左右し，土地を基本原料に据える，土地利用型の農業生産を経営する農業者にとっては，重要であるといえよう．

（4）労働力移動による中山間地域の規定性
　　　—交通（市場）立地規定—

　農業生産の主体的要素としての労働力に対する規定性を考えてみよう．労働力人口としてモビリティの高い年齢者の場合，経済合理性の最も高い地域へと移動することは，市場経済下では水の流れのような法則と考えてよい．経済的な発展段階によって，人々の職業に対する価値観は変化し，人口の移動が農村に向かうこともありうるが，これまでの動向ではモビリティを失った高年齢者や女性など弱小人口が，農業の就業へと取り残される傾向を生んでいる．

　私見では，農業生産の場としての中山間地域の性格は，基本的には土地と

労働力に対する以上の二つの規定性によって再生産されているものと考える．

（5）広島県における経営耕地面積の狭小

　農業生産条件へと立ち入ってみよう．耕地面積動向を概観すれば，図 1.3 に示すように農業就業人口 1 人当たり耕地面積は，東日本で広く，西日本では概して狭くなっているが，中でも広島県は最下位グループに属しており，土地所有の小規模性ならびにそこから生ずる生産関係の制約を受けることが大きいと推測される．北海道は，その他の都府県に比べて 6 倍近い農業就業

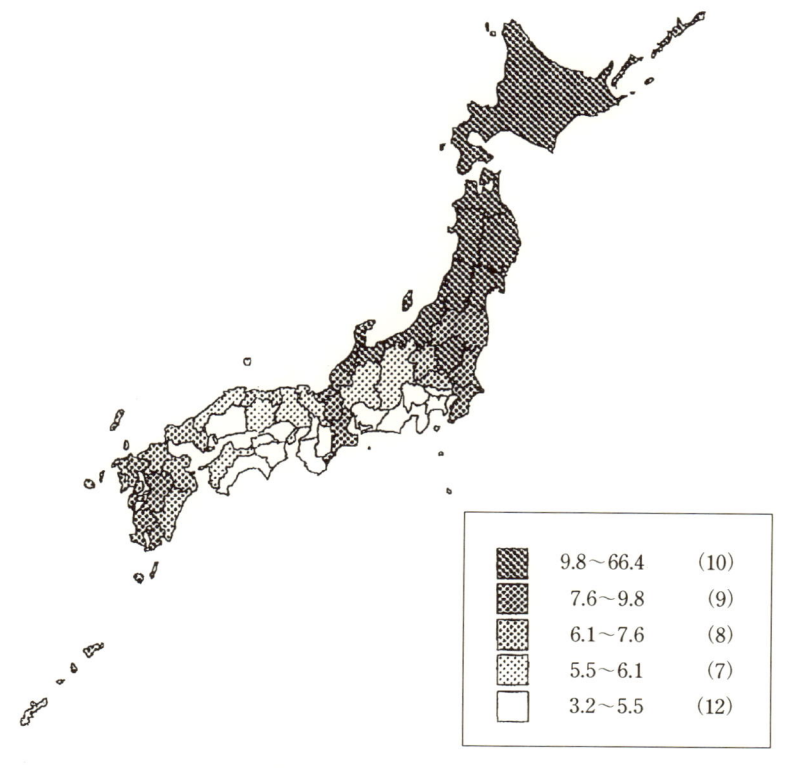

9.8～66.4	(10)
7.6～9.8	(9)
6.1～7.6	(8)
5.5～6.1	(7)
3.2～5.5	(12)

図 1.3　都道府県別農業就業人口（1994）1 当たり耕地面積（1998）
　　　資料：農水省統計により作成

人口1人当たり耕地面積となり，いわゆる小農構造を特徴とするわが国農業の平均的な規模性からかけ離れ，気象条件ともあいまって欧州農業に比肩できる農業経営形態であることが推測される．

（6）地形条件，傾斜条件，土地所有関係が農業生産力を規定する

地形，傾斜，所有関係は，その地域に残った人が農業に就業せざるを得ない場合，農業生産上受ける規定性である．中山間地域の問題は，外在的にみれば，一つには農業と他産業との生産力格差であり，第二にはそれに基づく，就業の場の圧倒的希少性という，農業と他産業を含めた全国土に分布する相対的経済的格差問題であると考えられる．

（7）国土の不均等発展と国民の幸福

これらの二つの条件によって，国民がどこに住むかによって，経済的なハンディキャップを生ずることは，望ましいことではない．国土の位置によってその単位面積が生み出す経済的格差が大きく，一方はなすべき仕事と，選択肢が多く，他方では農業以外の選択肢はないという経済的機会の地域差を解消し，全ての国民がなるべくそれを等しくすることが政治の役割であろう．経済的に不均衡な国土のあり方の歴史と現状がどのような利点と欠点とを生み出し，国民の運命にいかなる影響を与えるかについて考察すべきであろう．極端な過密のもとでは，環境を破壊し，人と自然との接触を阻害し，人間関係の緊張を高め，人間を物化してしまうマイナスを生み出しているように思われる．人そのものが自然であり，自然を破壊する経済合理性は，人を滅亡へと追い込む行き過ぎで，人間の生物的存在の本質を破壊に追い込む領域へと突き進んだものであり，環境保全によって修正されるべきであろう．

しかし中山間地域問題を解決する処方箋の一つとして，ほとんど絶対的選択肢といえる農業の振興が掲げられ，試みられているが，農業就業人口は，減少の一途をたどり，都市と農村の亀裂はますます広がっているといえよう．

地域間経済格差は，経済的豊かさを追求するわが国の戦後の一貫したビヘ

ビアの生み出した結果であるが，今後の方向性を占うために，多くの失ったものに思いをはせてみることが重要な作業のように思われる．なかんずく，わが国の地球的立地から受ける自然的恵みをつぶしてしまう経済的発展の跛行性はあまりにも失うものが大きいことについて注意を払うべきではないかと考える．地域間格差を縮小し，豊かな自然を基底にしたわが国の文化や国民の感性を豊かにする経済的発展の方向を構想することが，21世紀に重要な意義を持っていると考えるのである．

1.3 わが国農業の都府県別特徴

（1）専兼別農家の推移

図1.4によれば総農家数は，戦前には約550万戸を安定的に保持し，敗戦と復員の中で，1950年代には600万戸を突破するにいたった．しかしそれは1960年代の高度成長の中で，急速に減少し，1950年代から1990年代までの40年間に300万戸へと半減した．

専業農家と兼業農家の戸数推移を振り返れば，前者は，1950年代以降減少を続け，1970年までの20年間に約300万戸から100万戸へと1/3以下に

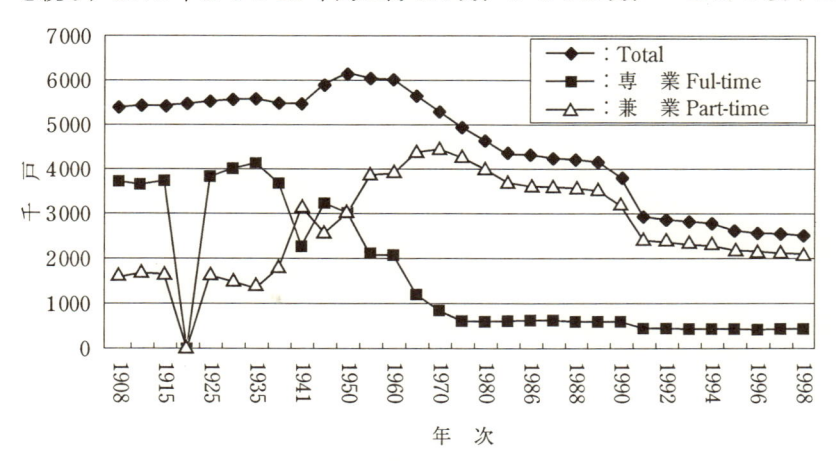

図1.4 専兼別農家数の推移
資料：農林水産省「農林業センサス農家調査報告書」「農業調査報告書」「農業動態調査報告書」「農業構造動態調査報告書」を元にグラフ化したもの．

減少している．それはこの間総農家数の減少よりも速いテンポで減少し，兼業農家へと転換している．他方兼業農家は1950年代から増えはじめ，1970年までに約270万戸から450万戸へと頂点に達し，そこから減少に転ずる．専業農家から兼業農家へと転換する増勢が1950年から1970年代まで約20年にわたって続いているが，1970年代に入って専業農家，兼業農家双方とも，減少に転じている．この間に農家は，兼業化によりつつ農業と非農業の両部門に乗って，豊かな所得を実現してきた．しかし農家のビヘビアは，1970年に転機を迎えている．兼業化によって生き残ろうとする傾向より，専業農家から兼業化を経て，非農家へと脱却，転換する勢いの方が，圧倒的に強まったのである．1970年代からは，兼業形態での農業の再編にも見切りをつけ，都市へ都市へと職業転換を図る人口の流れがとうとう継続しつづけているのである．

都府県について農業規模別農業経営の動向をみれば，1960年代以降，経営規模2ha以上の農業経営階層のみが，戸数を持続，あるいは微増傾向を保持しているのみである．2ha以下層は，すべて戸数減少へと追い込まれている．

北海道においては，都府県の2ha層に相当すると見られるのが，10ha以上の階層である．都府県2ha以上，北海道10ha以上の二つの経営規模階層のみが，わが国における少数の安定的な担い手層であるかのように見受けられる．

（2） 都道府県別専業農家比率

図1.5は都道府県別の専業農家比率を示すものである．北海道の50％に達する飛び離れた専業農家率をのぞいて，東北から西日本の順に，グラフ用紙上に，並べられた都府県の専業農家率には，かなりのばらつきを伴うが，きれいな右上がりの規則的な傾向性を示している．全体としてその概略をながめれば，それは冬型のお天気模様のような西高東低の様相である．

（3） 都道府県別作目構成

次に都道府県別作目構成の実態を観察しよう．北海道から沖縄までその特徴はさまざまである．ここでは稲作部門の比率に着目しよう．

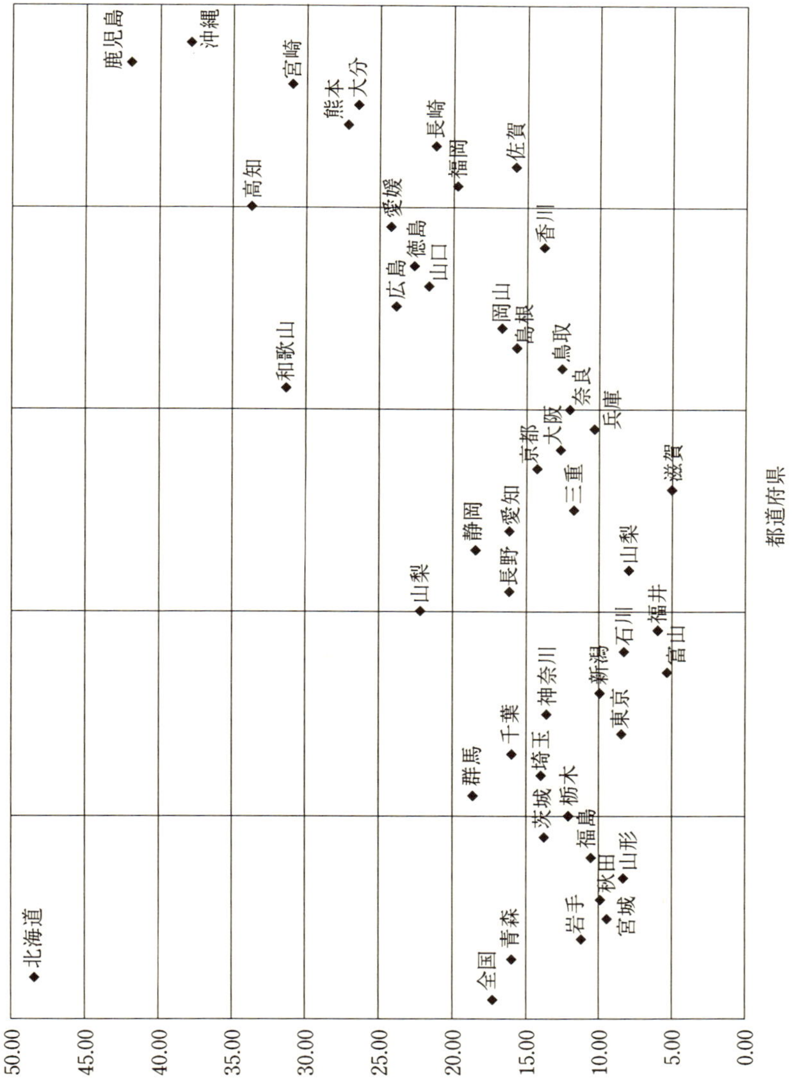

1.3 わが国農業の都府県別特徴　（ 9 ）

図 1.5　都道府県別専業比率（1998年販売農家）

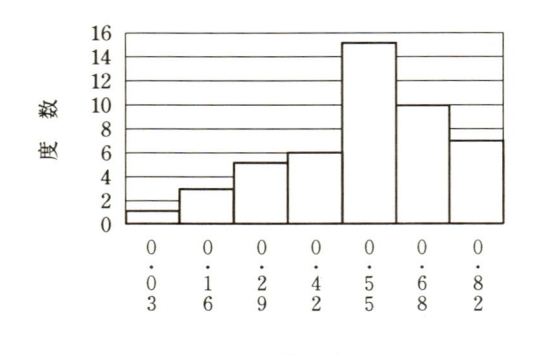

図 1.6 稲作面積比率別頻度
資料：農林水産省「作物統計」「耕地及び作付面積統計」

図 1.6 は農業部門における稲作部門の面積規模別比率を 47 都道府県について，度数表にまとめたものである．データ区間は，0.03 ha 以下，0.03〜0.16 ha 等々と読んでいただきたい．半数以上の 25 は 0.4〜0.6 ha の範囲に含まれている．

広島県の規模は，0.573 ha でここの区間に含まれる．

表 1.1 によって，稲作部門の比重の低い都府県を選べば，北海道，東京都，神奈川，山梨，静岡，和歌山，鹿児島，沖縄等である．東京都と神奈川県の場合には，野菜生産への特化傾向が見られる．沖縄では，工芸作物への特化が見られる．北海道の場合には，飼肥料作物への特化が見られる．周知のとおり，稲作への特化は兼業化との結びつきが強いが，稲単作化から抜け出ることが，農業振興，減反問題，食料自給率アップなどの解決策として重視されている．

（4）農業粗生産額の地域的分布

都道府県別の 1 km^2 当たり農業粗生産額を図 1.7 に示す．これによれば，それが相対的に高いのは，千葉，茨城，埼玉などの東京経済圏，愛知，福岡，佐賀，熊本，鹿児島などであり，純農村か大都市経済圏の縁辺地域を中心としていることが特徴である．広島県のそれは，最下位に属し，逆に非農業部門である大阪圏に属する製造業，商業等の粗生産額のウエイトが高い地域へ

1.3 わが国農業の都府県別特徴

表 1.1 都道府県別農作物の作付面積の構成（1997） （単位：％, ha）

	麦類	豆類	果樹	野菜	工芸農作物	飼肥料作物
北海道	46.38	36.96	1.21	19.73	35.04	62.51
青森県	0.94	2.22	8.70	3.24	1.04	2.67
岩手県	0.73	2.85	1.73	1.82	1.30	5.13
宮城県	0.93	2.78	0.79	1.77	0.19	1.48
秋田県	0.65	2.79	1.39	1.71	0.43	1.36
山形県	0.29	1.46	4.02	1.71	0.24	0.94
福島県	0.38	2.94	2.83	2.56	1.25	1.64
茨城県	3.39	3.37	2.78	5.28	1.36	0.86
栃木県	5.49	2.64	1.00	1.85	0.50	1.34
群馬県	5.53	0.99	1.11	3.77	2.68	0.91
埼玉県	3.51	0.94	0.99	2.91	0.96	0.21
千葉県	0.46	6.19	1.29	6.04	0.44	0.59
東京都	0.02	0.02	0.50	0.81	0.20	0.04
神奈川県	0.06	0.30	1.33	1.66	0.16	0.18
新潟県	0.15	2.14	1.10	2.56	0.61	0.47
富山県	0.41	2.15	0.28	0.43	0.03	0.12
石川県	0.23	1.01	0.45	0.61	0.26	0.12
福井県	0.76	0.56	0.31	0.55	0.02	0.06
山梨県	0.11	0.48	4.05	0.68	0.16	0.13
長野県	0.88	2.15	5.94	4.17	0.38	1.05
岐阜県	0.45	0.72	1.08	1.34	0.65	0.78
静岡県	0.32	0.43	3.42	1.97	10.95	0.38
愛知県	1.56	1.57	1.83	3.13	0.52	0.45
三重県	1.23	0.74	1.24	0.93	1.88	0.17
滋賀県	1.52	1.35	0.20	0.63	0.49	0.14
京都府	0.09	1.04	0.46	0.82	0.87	0.07
大阪府	0.00	0.05	0.87	0.51	−	0.01
兵庫県	0.48	2.06	0.86	1.88	0.17	0.65
奈良県	0.02	0.20	0.93	0.60	0.57	0.03
和歌山県	0.00	0.12	6.94	0.61	0.09	0.02
鳥取県	0.09	0.72	1.16	0.83	0.27	0.58
島根県	0.07	0.86	0.74	0.60	0.39	0.39
岡山県	1.06	2.46	1.31	0.94	0.51	0.73
広島県	0.08	0.95	2.54	1.13	0.25	0.44
山口県	0.27	0.61	1.80	1.10	0.22	0.38
徳島県	0.22	0.54	1.59	1.66	0.46	0.18
香川県	0.64	0.55	1.31	1.11	0.26	0.17
愛媛県	0.76	0.34	9.00	1.18	0.51	0.30
高知県	0.03	0.30	1.04	0.87	0.82	0.20
福岡県	6.13	2.26	3.29	2.00	1.08	0.62
佐賀県	7.03	2.42	2.52	0.96	0.79	0.21
長崎県	1.05	0.53	2.43	1.83	0.93	0.92
熊本県	2.07	1.70	5.21	2.90	4.05	2.40
大分県	1.22	1.53	2.28	1.06	1.03	0.98
宮崎県	0.49	0.59	1.46	1.99	1.99	3.11
鹿児島県	1.80	0.40	2.05	3.03	10.75	3.18
沖縄県	0.00	0.04	0.66	0.53	11.77	0.71
合計 (ha)	265,828	163,149	301,201	649,130	197,183	1,010,500

45.8～92	(9)
32.6～45.8	(8)
23～32.6	(9)
19～23	(11)
10.6～19	(10)

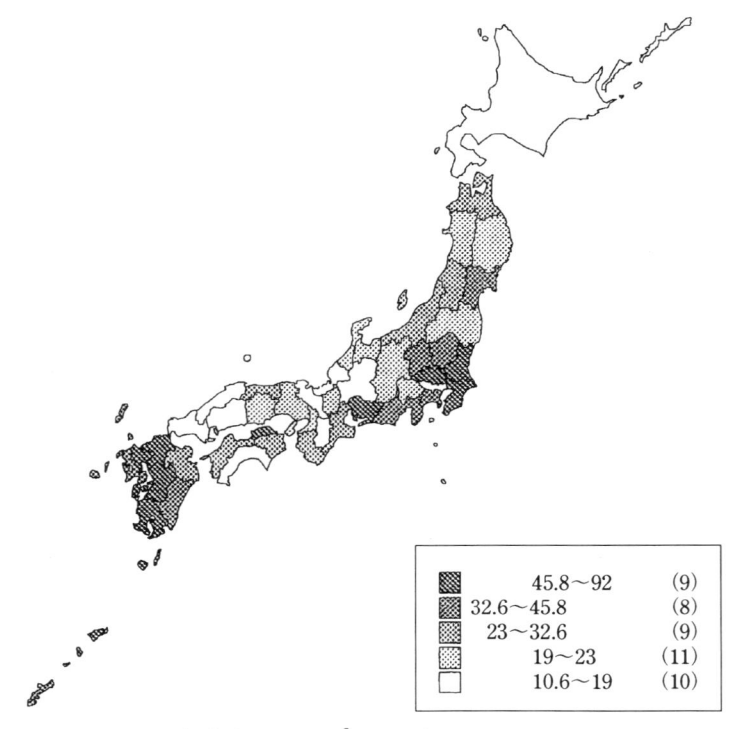

図 1.7　都道府県別 1 km² 当たり農業粗生産額（1997）
資料：農林水産省統計により作成

と傾斜していて，県全体では製造業，商業への重心移行が伺える．

　単位面積あたりでは，市場経済を相対的に有利に利用できる地の利を持った地域か農業への依存率の高い純農村の農業粗生産額が高くなっているという傾向を見ることができよう．農業の総衰退の中で，一面では市場経済に対応する高度な農業生産形態が戦後 55 年間に育ってきつつあるともいえるかもしれない．

（5）土地利用の動向

　土地利用率の動向について図 1.8 のグラフを見れば，1970 年以降耕地延べ面積の減少とともに，低下している．1975 年から 1980 年まで微増した後，

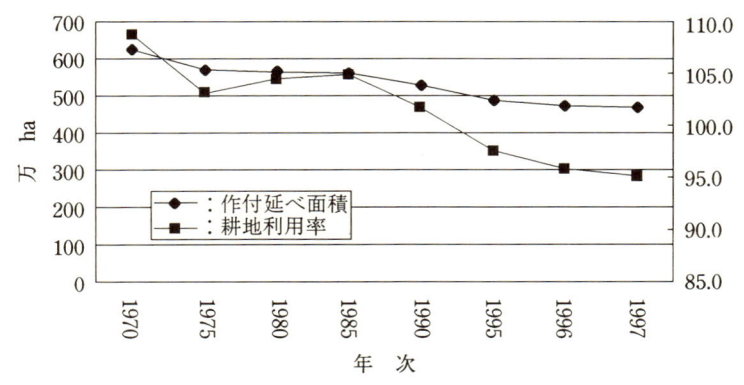

図1.8 全国における作付け述べ面積，耕地利用率の推移（1997）
資料：① 農林水産省統計により作成，② 耕地利用率は右目盛

105%から95%まで落ち込んでいる．

耕地利用率で100%水準を維持している都府県を拾えば，群馬，千葉，東京，神奈川，徳島，福岡，佐賀，宮崎，鹿児島などである．稲作面積の少ない東京，神奈川，鹿児島，群馬などは，稲以外の作物の土地利用を高めた集約的な作付けが展開しているものと推測される．

土地利用率は，永年性作物としての果樹への特化度の高い和歌山，山梨，愛媛などでは低くならざるを得ない面がある．

そのなかで広島県の土地利用率は，83.2となっていて，全国最下位のランクに属する．中国5県のうち鳥取をのぞいて4県は最下位のランクにあることで共通している．加えて長野，福島，新潟などが最下位ランクに加わる．農業を主産業とする地域における資源としては土地が重要であり，その利用率を高めることが中山間地域の主体的な発展の原動力とならなくてはならないように思われる．しかし市場経済合理性ではこのような主張の合理性は低く，むしろ高い自国の原料を放棄しても安価な原料を輸入して，これを組み立てる組み立て産業形態に類似した農業生産の市場合理性が高いといえるかもしれない．市場システムと国際分業に深く組み込まれ，地域資源を利用できないで，農業が市場依存型に傾斜しすぎている，とも受け取れるあり方である．そこでは市場供給の最もコストの低い原料を組み立てて農業生産が行

われるという経済競争へと収斂する世界農業の方向性が示唆されているかもしれない．

（6） 都道府県別1人当たり県民所得

都道府県別県民所得の動向を以下に概観しておこう．図1.9によると，1人当たり県民所得は，東京から沖縄まで大きな階層性を持った所得構造を示しており，このような所得の地域格差が産業構造の格差に根ざしていること

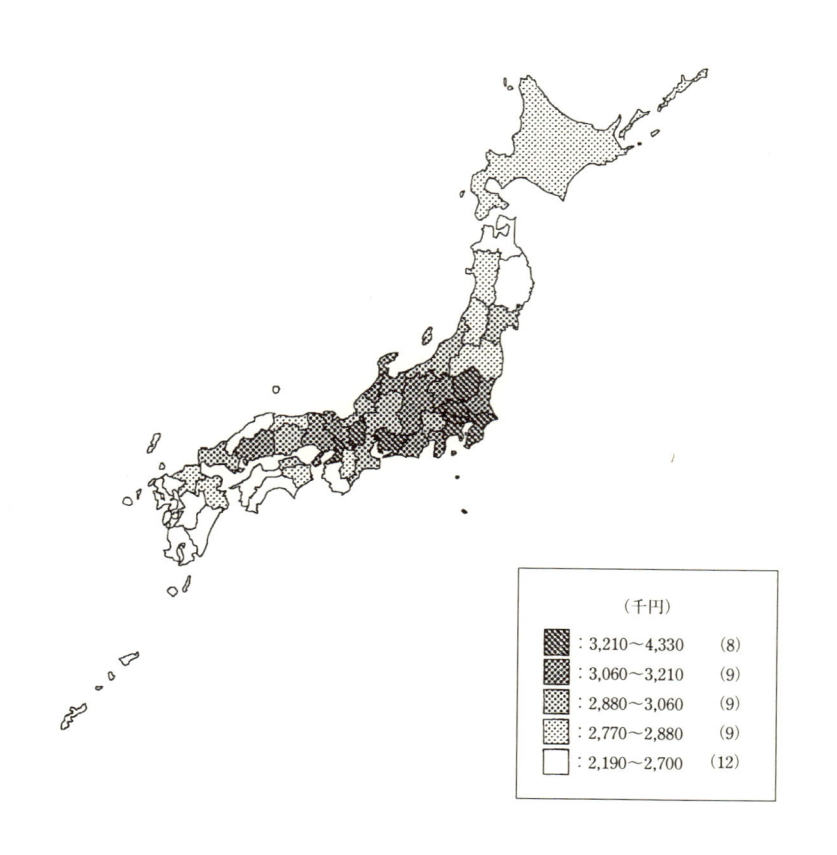

（千円）
- 3,210～4,330　(8)
- 3,060～3,210　(9)
- 2,880～3,060　(9)
- 2,770～2,880　(9)
- 2,190～2,700　(12)

図1.9　都道府県別1人当たり県民所得（1996年度）
資料：県民経済計算により作成

が予想される．大都市の発達した産業構造のもとにあっては，所得は高いが，それが遅れた中山間地域では低い．このような県民所得格差は，産業展開の格差構造を示しており，基本的には経済的尺度で測った，中山間問題を生み出す一つの根源になっているといえよう．産業構造の発達が低く，第1次産業に依存せざるを得ない地域においては，所得は低いが，農業等の市場経済下での商品経済システムに必ずしもなじまない産業分野に依存しつつ，特有の共同的規範と価値観の元での生活を維持している．その善し悪しは必ずしも即断はできないが，経済的尺度では，不利性を持っていることは否めない．経済性のみが必ずしも人間らしい生活の条件を満たすものではなく，経済的に不利な条件をもって，悪と断ずることはできないのであるが．

しかし経済的な地域格差が過疎過密をはじめ，高齢人口分布，環境問題等の共同生活上の地域格差を生み出してゆくことの不平等性や資源利用の不合理性を指摘すべきであろう．労働力の新陳代謝の高い大都市に若者が集中し，経済的な活動の不活発な条件不利地域へと老齢者が滞留する構造が，果たしてわれわれにとって幸福を生み出す条件といえるのか，深く検討すべきであろう．市場経済化にあっては何事も市場の神の手に任せることが，重要であることがいわれてきた．それが経済活動の最良のインセンティブと物質的豊かさをもたらしてきたからである．しかしそれが他方では神の手から漏れた非人間的な条件や地域格差を絶えず生成し，経済的格差を再生産してゆく点をどのように矯正すべきかが問題である．

人間の産業活動が経済的土台を形成し，その物質的土台の上に人間生活のあらゆる分野が展開するが，市場経済下では絶えず大きな地域格差が形成されている実態が見られる．

中山間地域の内在的な分析によって，過疎地域を生み出すメカニズムやわが国農業の再編過程を分析し，市場経済による商品化競争と公共投資による道路，箱物建設などの物質的攻勢が農業と農村の内在的なエネルギーである人とその思想に何を生み出しているか，点検することが重要であろう．物質的には豊かになりながら，主体的には目標を失い，精神的なよりどころを喪

失しているとする分析も見られるからである[ii].

1.4 わが国産業発展の地域的偏在

(1) 製造業分布の地域格差

製造業は東京,名古屋,大阪圏などの地域に分布し,都府県別では,次の表1.2のように地域的な差異を示している.

例えば,製造品出荷額を見ると,都道府県の1 km^2 当たり平均額(1 km^2 当たりに換算すれば,一極集中度は薄められることに注意されたい)は,1990年から1997年までの間,約16億円前後で推移しているが,その地域格差は,110倍から130倍にも達している.変動係数は,162.86 % から177.45 % で,地域格差が極めて大きいことを示している.

都道府県1 km^2 当たり事業所数で見ても,1990年から7年間に取られた3時点の平均値は,2.26個所から1.81箇所の範囲であるが,都府県別の最大と最小数は,97年で,0.115箇所から18.44個所と160倍にも達している.変動係数は,やはり200 % に近い値を示している.

最後に製造業従事者数を見ると,同じ7年間に,三つの時点で,都府県1 km^2 当たり平均人数で約47人から54人の振れを示している.しかしその

表1.2 製造業分布の地域格差

	1 km^2 当たり								
	製造品出荷額等 (単位:億円)			製造業事業所数 (単位:所)			製造業従事者数 (単位:人)		
	2 /1990	7 /1995	9 /1997	2 /1990	7 /1995	9 /1997	2 /1990	7 /1995	9 /1997
平均	16.464	15.120	15.813	2.264	1.976	1.810	54.757	49.655	47.482
最大	129.719	110.361	111.138	23.556	20.291	18.444	455.863	406.099	380.436
最小	0.757	0.761	0.782	0.127	0.123	0.115	3.065	3.089	2.981
最大/最小	171.463	145.042	142.047	185.828	164.988	159.901	148.722	131.456	127.622
標準偏差	29.215	25.095	25.752	4.427	3.710	3.352	90.986	79.007	74.289
変動係数	177.450	165.979	162.855	195.539	187.789	185.203	166.162	159.112	156.458

資料:都府県別産業別粗生産額から作成

[ii]「過疎問題の実態と論理」乗本 吉郎著,富民協会,1996 年,pp 184〜195

格差は，1997年で，最小2.9人から最大380.4人と127.6倍にも達している．変動係数も160％前後を示している．

以上のような製造業の地域格差が労働力の巨大な吸引力と移動を引き起こし，地域間に過疎と過密を生み出している．

（2）商業分布の地域格差

以下には商業面の産業集積の特徴を概観しよう．

表1.3によれば，商業の面でも，都道府県の1 km^{2}当たり商業年間販売額，商業商店数，商業従事者数等において同様の地域格差が見られる．製造業の出荷額が15億円前後であるのに対して，商業年間販売額は90億円前後に上っている．製造業事業所数では2カ所前後であるのに，商業店舗数では60店強である．従事者数では，97年で製造業従事者数が，47.5人であるのに，商業従事者数は61.3人である．両者はコスト構造が全く異なり，したがって付加価値も全く異なる．しかし両者で平均従事者数は，あまり大きな差を示さない．商業年間販売額，商店数，商業従事者数においても都府県1 km^{2}当たりの格差は約100倍と大きい．

このような経済における大きな地域集積の格差が，労働力人口の流動を生み出している．農業において自然的条件が問題になるのは，土地を生産の原材料とする農業生産の基本的性格に根ざしている．しかしもう一つの基本的生産手段としての労働力は，産業集積の地域的偏りによって市場経済法則に従って配分され，大都市へと流出してしまうのである．このような産業集積

表1.3　商業活動等

	1 km^2 当たり								
	商業年間販売額（10億円）			商業商店数（単位：店）			商業従事者数（単位：人）		
	2/1990	5/1993	8/1996	3/1991	6/1994	9/1997	3/1991	6/1994	9/1997
平均	10.416	9.690	9.091	63.491	64.226	61.306	63.491	64.226	61.306
最大	99.131	89.454	83.789	790.852	770.206	706.775	790.852	770.206	706.775
最小	1.051	0.984	0.917	6.677	6.891	6.653	6.677	6.891	6.653
最大/最小	94.302	90.894	91.418	118.443	111.766	106.230	118.443	111.766	106.230
標準偏差	18.750	17.221	16.097	141.120	138.489	128.868	141.120	138.489	128.868
変動係数	180.015	177.731	177.068	222.267	215.630	210.205	222.267	215.630	210.205

資料：都府県別産業別粗生産額から作成

の巨大な偏りを解決しない限りは，中山間地域の再生産を維持することは出来ない．国土の均衡ある発展という標語が言われることしきりであるが，そのような経済政策の実現は市場経済化の真っ只中では不可能といっても過言ではない．

そしてその矛盾は，過密人口地域のストレス社会形成と結びついている．自然によるストレス吸収やその慰謝が大きな力を持っていることは多くの人の体験によって明らかである．人間もまた自然の一部であるとはよく言われることであるが，産業集積の生み出す人工空間の過密が人間接触の過密をもたらし，過当競争意識を極度に高め，ストレスを倍増させていることは生理的にも社会的にも大きな問題であろう．

（3） 産業の集積は継続している

以上のような人口集中地区への産業の集積は，とどまることを知らないかのようである．図1.10によれば，1965年から1995年までの30年間に，わずか3％あまりの面積に65％の人口が集中している結果に行き着いている．産業の集中とそれに伴う人口の集中が，経済発展のパターンとして定着してきた実態を浮き彫りにしている．このような産業集積の利益を転換しなければ，中山間には就業すべき場を生み出すことは困難である．

IT産業の展開が，期待される21世紀には，その技術特性から場所や時間の制約が大幅に除去され，産業分布の分散が起こるかもしれない．IT技術を利

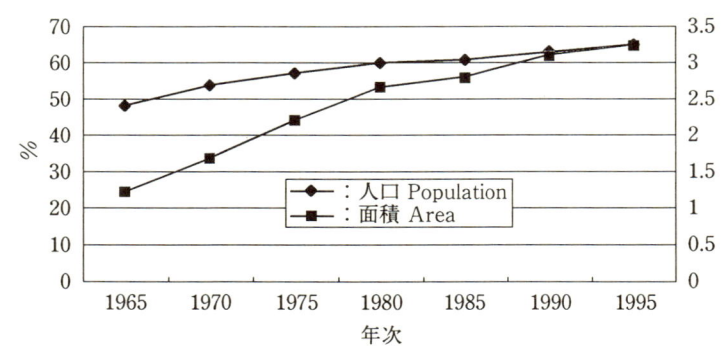

図1.10　人口集中地区面積と人口比率の推移
（注）国勢調査から作成，右目盛は面積のそれを表す．

用した中山間地域の開発や振興を目指すべきであるが，老齢化のためにその担い手の掘り起こしが容易ではない．

　中山間地域の人々が勇気を奮い起こして，IT 技術によって地域起こしを実践している富山県山田村，大分県，北海道ニセコ町などの地域事例を学ぶべきである．地域の主体が形成されない限りは，中山間地域を自立的な発展の過程に載せることは難しい．

　図 1.10 の過程を県単位の地域差に還元する統計指標をもう少し検討してみよう．ここで煩をいとわず表 1.4 を掲げる．これによれば，全国レベルで，人口集中地区人口，同面積ともに増加傾向にある．市場経済のじりじり広がる勢いを想像することができる．東京，大阪等の大都市圏を 1997 年についてみれば，域内の人口集中地区面積は 60 % を越えている．またそこへの人口集中率は，90 % を越えている．域内の人口集中地区面積が 50 % を越えれば，人口集中の偏在は，解消されて，格差は解消に向かうといえよう．東京を取れば，集中地区面積 1 % の面積に，人口の 1.21 % の集中という計算になり，これは集中ではなく，拡散といってもよいであろう．逆に北海道の場合は，3.7 %（1997）の人口集中地区面積に 72 % もの人口が集中し，面積 1 % 当りに 19.5 % の人口が殺到するという偏在を生み出している．ただ東京は，可住面積 1 km^2 当たりの人口密度が全国平均の，8 倍にも達して超過密状態である．これに反して，対極の北海道のそれは全国平均の約 1/5 に過ぎない．上の両極の例は，都市発達の成長力の格差を示しているように想像

表 1.4　人口集中地区の動向

	人口集中地区人口比率 (%)			人口集中地区面積比率 (%)			集中地区人口密度 = (a) / (b) (1997)
	60 / 1985	2 / 1990	7 / 1995 (a)	60 / 1985	2 / 1990	7 / 1995 (b)	
全国	60.6	63.2	64.7	8.8	9.8	10.2	6.343
Max	97.1	97.8	97.9	73.8	76.0	76.4	19.5
Min	23.4	24.3	24.7	2.1	2.3	2.3	1.3
中央値	39.0	40.8	42.3	6.0	6.6	7.2	6.2

資料：広島県ホームページの統計データにより都道府県別の動向を計算した．

される．外延に向かって高い成長を遂げる東京に比して，北海道は人々の熱望にもかかわらず，都市の発達は頭打ちになっている．

　距離の拡大によるエネルギーのロスは，都市の発達を集中した面積に閉じ込めるのであろうか．全国レベルでみても人々は，わずか10％の面積を対象として全人口が就業の場を求めてそこへと殺到する．競争の帰結は若者の勝利に終わる構造になっている．これは一種の袋小路現象で閉塞感を増強させるものであり，閉じられた系のような思いがする．住む場所によって経済的な不利をこうむることは人権侵害であり，不平等の公認にもつながる．

1.5　高齢化の実態

　中山間地域の特徴として最もティピカルに表れるのは高齢化である．その実態を都道府県別に概観すれば，表1.5のようである．老齢人口比率は平均で，18％であるが，相対的に比率の高いところをピックアップすれば，20％を超える秋田，山形，長野，鳥取，島根，山口，高知，徳島，鹿児島などである．逆にそれが16％以下の低い都府県は，埼玉，千葉，東京，茨城，神奈川，愛知，滋賀，奈良，大阪等の大都市圏域である．まさしく労働報酬の高低に牽引された分布を示しており，高度成長以降の大量の労働力移動の結果が生み出した地域格差である．このように経済的な意味合いでとらえるとき，広島県は，統計数値の結果からは中山間地域としての特徴を必ずしも示さない．

表1.5　人口の動向（1998年）

	年少人口割合 [15歳未満人口]	生産年齢人口割合 [15～64歳人口]	老年人口割合 [65歳以上人口]	年少人口指数	老年人口指数	従属人口指数	老年化指数
平均値	15.5	66.5	18.0	23.3	27.4	50.7	117.3
標準偏差	1.09	3.02	2.93	2.11	5.49	6.67	20.59
最大	20.5	73.2	23.8	30.9	39.0	64.0	156.2
最小	12.6	61.0	11.5	17.4	15.8	36.6	64.4
広島県	15.3	67.3	17.4	22.8	25.9	48.6	113.4

資料：都道府県人口年齢構成により作成（全国都道府県のデータを元に計算した）

しかし，広島県の場合にも県内地域格差を内包していることを忘れてはならない．広島県は，地理的には瀬戸内から島根県，鳥取県境に接する範域を包摂しており，北部は中山間地域としての停滞に見舞われているのである．

1.6 広島県内における農業と地域格差

(1) 広島県の農業

広島県の農業は，全国と比較して衰退している．1960年代高度成長期を通じて，全国平均以上に農業の分解が激しく進んだことを示している．

図1.11によると，県内農業総生産額は，1975年の約1000億円をピークに漸減し，93年には600億円，県内総生産額の0.6％のシェアに低下している．広島県は1戸当たり農業所得の試算で，1995年全国の140万円に対し，60万円と低く，農業依存度でも21％に対し，12％と大きく下回っている．

図1.12によって産業別就業人口の推移をみても，1960年から95年の間に農業就業者は約30万人から7.6万人へと1/3以下に激減している．就業者のうち農業就業者は，1960年代の30％から5.2％へと減少し，30年間に産業構造は，第3次産業を主導とするもの（1995年就業人口比62％）に変わっている．

(2) 高齢化の実態

広島県の高齢人口は，1998年では，17.4％であるが，市町村別に見るな

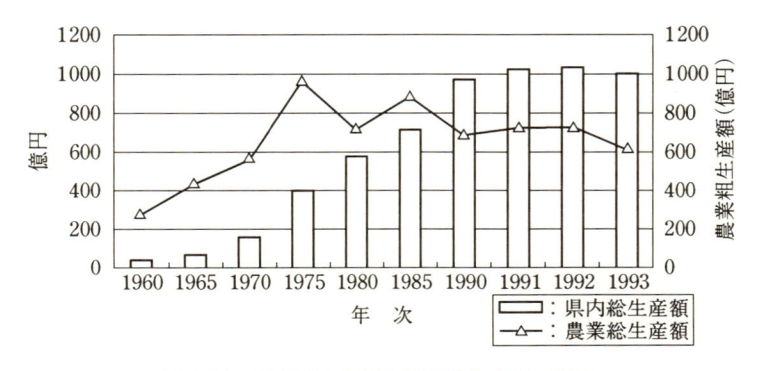

図1.11 県内総生産額と農業総生産額の推移
資料：農林水産省統計より作成

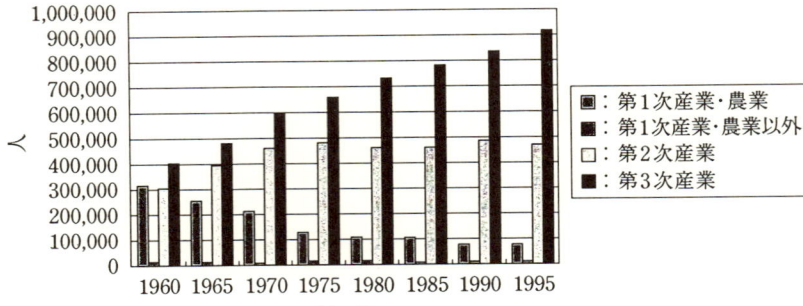

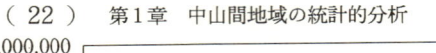

図 1.12 広島県産業別就業人口の推移
資料：農林水産省統計より作成

らば，そのばらつきは大きい．北部や島しょ部の老齢化が進み，都市部では若者が多い，という全国的な格差傾向を踏襲している．老齢化人口の格差は，県内都市部と郡部では，14.2％と21.8％である．さらに人口集中度の高い広島市を抜き出してみると，老齢化比率は，11.9％へと低下し，人口集中地区の老齢比率が一層低くなる．しかも先に見たように老齢化のみならず，産業の集積によって郡部では就業の場が少なくなり，若者が大都会の人口集中地区へと流出してゆく，という悪循環の繰り返しによって過疎化の歯止めも全くかかっていない．県内で老齢化率の最も低いのは，広島市，東広島市，廿日市，府中町，海田町などであり，約10％から12％の間に分布している．逆に，最も高い10市町村は，蒲刈町，吉和村，筒賀村，戸河内町，豊平町，美土里町，高宮町，豊浜町，豊町，木江町などで，社会的には崩壊の危機水準とされる約30％から40％の間に分布している．うち蒲刈町，豊浜町，豊町，木江町の四つは島嶼部である．残る六つは県北西部を中心にしている．広島県内においても，全国の人口集中現象が県内にも再度現象化し，全国と相似の動向がみられる．

（3）農業就業

農業就業人口は，兼業労働と表裏の関係にある．ここでは図1.13によって，広島県における市区町村の農業労働実態の特徴を概観しよう．分布は自営農業とその他の仕事の従事者で，自営農業を主とし，しかも仕事が主であ

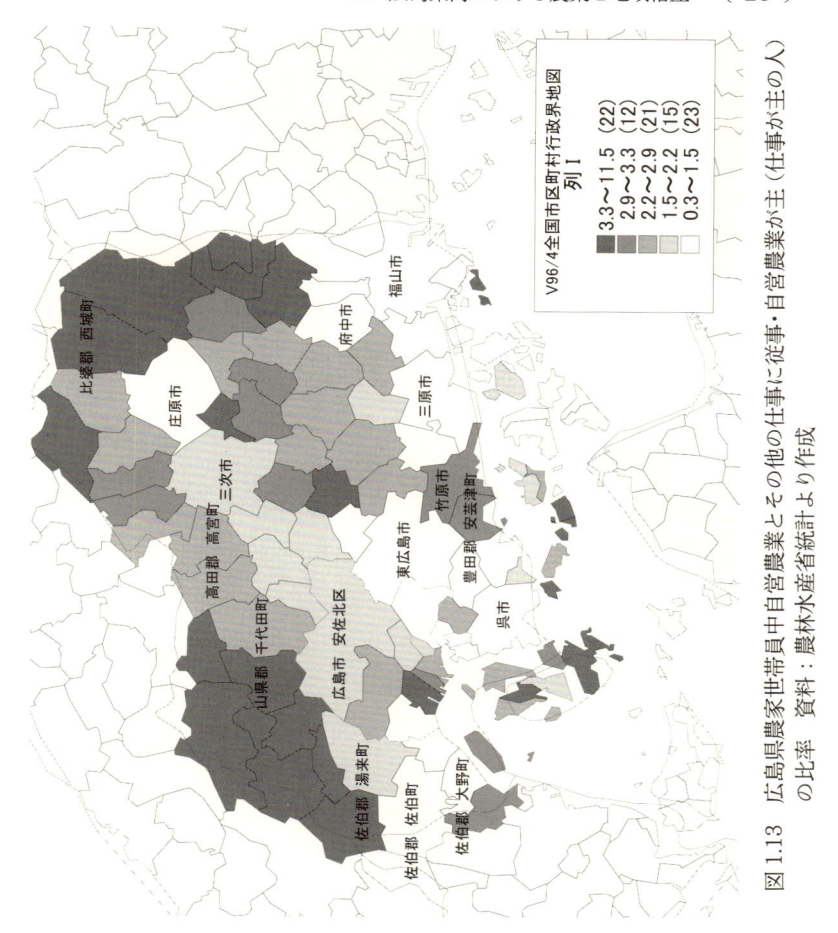

1.6 広島県内における農業と地域格差　(23)

図 1.13 広島県農家世帯員中自営農業とその他の仕事に従事・自営農業が主 (仕事が主の人) の比率　資料：農林水産省統計より作成

るもののそれで，換言すれば農業を主とする中心的労働である．その比率は農業就業人口の 3.3〜11.5 % が最も高い値であるが，その市町村の大部分は中部以北に固まっている．しかし広島市周辺の人口集中地区近辺の市町村，広島市西区，竹原市，豊田郡安芸津町，加茂郡豊栄町などにおいても同一分布が見られる．1戸当たり生産農業所得の高い地域は，兼業機会が少なく農業所得への重心の高い島嶼部，北部の高野町，東城町，芸北町，高宮町，美土里町などで同上の分布に重なるものが多い．北部に属さないが，世羅町な

どの地域も高い農業生産所得を上げている．

図 1.14 は，農業に従事しながら，その他の仕事に従事し，後者を主とする兼業労働分布である．これも北部を中心とする広島市の背後地域で分布が高い．しかも先の農業を主とする労働（最大は 3.3〜11.5 ％）に比べて農家世帯員に占める比率は高く，図の最も高いクラスは，37.2〜40.2 ％ にも達している．農家世帯の農業所得を補完する兼業労働エネルギーは，農業就業に比べて極めて活発で潜在的な勢力を保っている．

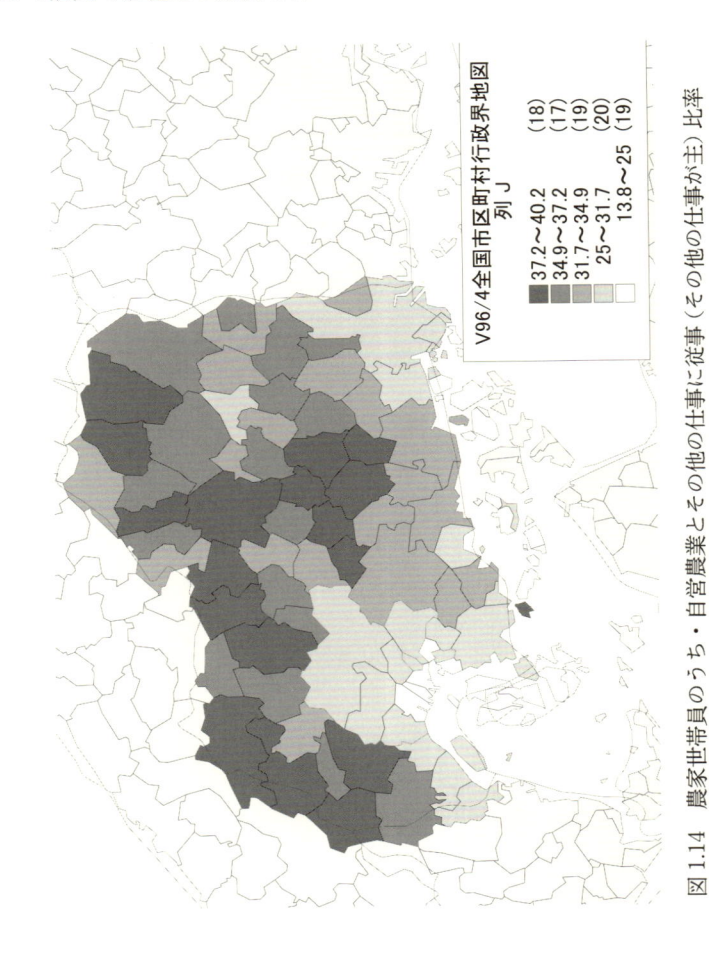

図 1.14 農家世帯員のうち・自営農業とその他の仕事に従事（その他の仕事が主）比率
資料：農林水産省統計より作成

V96/4 全国市区町村行政界地図
列 J

- 37.2〜40.2　(18)
- 34.9〜37.2　(17)
- 31.7〜34.9　(19)
- 25〜31.7　(20)
- 13.8〜25　(19)

1.7 中山間地域農業の矛盾と発展

　さまざまな事情で，外部の労働力プルに呼応して流出できなかった人々は，地域にとどまって，その土地資源等を商品化する農業生産に従事することを余儀なくされる．そのとき人々ははじめて地域内資源の特性と対峙することになる．しかし市場経済の隅々まで浸透した現実では地域資源を利用するよりも市場からの代替品購入が高い合理性を持ち，そのため地域資源を活性化することは容易ではない．勢い農業も効率を求めて，出来合いの製品を原料として市場から購入し，組み立て産業のように組み立てるという傾向に流れてしまう．他方深刻化する地球的な環境問題や自給率向上を達成するには，効率性を落としても，地域資源のこまめな利用によって環境への負荷を軽減する方向へと誘導する力が高まるであろう．この二つの相反する力が矛盾しながら今後の中山間農業の方向を左右するのではないかと予想する．

　また，労働力のプルによって農業労働力が吸収される構造は，全国的な地域格差によって形成されるとともに，県内においても類似の地域格差構造として再現され，都市部以外の農村環境に置かれた兼業を求める農家世帯員は，あわせて二重の労働力プルに対応できる．換言すれば，農業労働力は常に競争にさらされて，他産業並の生産力を挙げることを強いられるが，競争に負け続けている．このような農業と他産業との生産力格差構造に基づく地域間の断絶が中山間問題を生み出し，また中山間地域を区別する地域的な境界を生み出すのではないかと考える．

　農業労働力の確保をはじめ，地域資源を生かした環境保全的で，適当な経済性をもつ農業生産の模索は，容易ではないが，地球規模の時代的な課題としての環境問題を解決するために，新たな農業生産の領域を切り開く意義を持ち，市場経済と地域資源利用とを適度に両立させたところに成立するものと予想される．必ずしも市場経済的には有利性を持たない中山間地域を生かした農業生産の追求が，時代に即応した環境型の，いわゆる持続的な生産方式を切り開くチャンスに連接しているようにも思われる．

　地域資源に立脚した農業生産の回復は，地域の人々の自信や文化の復活に

つながるが，市場経済が隅々まで浸透した今日では，むしろ市場への依存によって高い合理性を実現できるため，地域資源の活用は阻まれる可能性が高いと考える．他方では経済社会問題として，資源や環境問題の深刻化や発展途上国の雇用，食糧安保などの必要性が，グローバル化や市場経済への依存を押しとどめる力として働くことが考えられる．中山間地域問題をその地域主体が解決するためには，市場システムに抗してまで，地域資源を活用する主体的な取り組みが重要なものであるようにも思われる．競争原理に支配される農業生産の合理的労働としては困難であるとすれば，非生産（遊びや文化）や消費の場で地域資源活用を遂行することも考えるべきであろう．

先に引用した乗本氏は，農業・農村の近代化にとって二つの側面が重要であるとし，そのうち内的近代化，近代思想による精神的，思想的近代化が重要であることを指摘している[iii]．家族的な自給経済を中心とする農業生産と自治組織としての集落が，近代化の過程で，外部に対する警戒を解き，主体性を失って新たな市場経済システムを易々と受け入れ，その渦の中に巻き込まれ，労働力を始めとして地域資源を放棄せざるを得ないところに追い込まれたことについて，その解明の必要を主張されている．本当に豊かさを実現するためには，全ての人が，市場の利用とともに，自らの生命のよって立つ地域資源を生かした主体的な経済構築への参加とそこでの開かれた民主的なシステムの構築が必要と言えそうである．

（坪本毅美）

[iii]「過疎問題の実態と論理」乗本吉郎著，富民協会，1996年，pp 242

第2章　条件不利と言われる中国地方の地理的特徴の有利条件

2.1　課題の本質と議論の流れ

(1) 農村の不利条件

　かつての農村もやはり，不利条件を抱えていた．しかし，その内容は農家人口の過多など，現在の不利条件とは全く異なる内容のものであった．たとえば繁茂する雑草は，当時家畜の餌や肥料として貴重であったが，今は除去の手間と費用のかさむ邪魔者になっている．その一方で，かつて稲の成長を抑制するとして悩みの種であった冷たい湧き水が，今はミネラルウォーターとしての価値を得る例もある．すなわち，ある自然条件の評価が有利から不利に変化し，別の自然条件の評価がその逆の方向に変わっているのである．この間における農村の自然条件は基本的には不変であるから，評価の変化は主として価値判断基準の相対的変化，さらにその国際化によってもたらされたと考えられる．自然条件に限らず，現在の地域条件評価は必ずしもその地域におけるかつての評価より合理性を備えたものばかりではない．かつてそうであったように，自然条件をはじめとする地域のまとまりを尊重し，それぞれの地域特性に応じた評価を採用できる可能性はないのだろうか．

　さて，日本農業の場合，山間部から盆地部にかけての地域を中山間地域[i]

---

[i] 農林統計における「農業地域類型」の基準指標は次のようである．
まず，「都市的地域」を「人口密度が500人/km^{2}以上，DID面積が可住地の5%以上を占める等都市的な集積が進んでいる市町村」として定める．次に，「山間農業地域」を「林野率が80%以上，耕地率が10%未満の市町村」として定める．そして，「平地農業地域」を「耕地率が20%以上，林野率が50%未満または50%以上であるが平坦な耕地が中心の市町村」として定めると，残りのほとんどは，「平地農業地域と山間農業地域との中間的な地域であり，林野率は主に50〜80%で，耕地は傾斜地が多い市町村」として位置づけられる「中間農業地域」に含まれる．なお，これら4分類した地域の内，「中間農業地域」と「山間農業地域」を合わせた範囲を「中山間農業地域」と呼ぶことがある．

と呼んで，条件不利地域[ii]を考える時に特に注目する対象としている．中国地方では，島しょ部を含む広範囲がこの中山間地域に属する農村と見なされていて，農業経営における先行き不安が広がっているが，もしも「中山間地域は不利な地域」という決めつけが解除されて，個別地域ごとに明るい展望を描く事が出来るのなら，先入観を捨ててもう一度評価をし直す作業の価値は大きい．もちろん，現代は国際的な経済圏域の影響が直接日本の隅々まで浸透する時代であるから，中山間地域に限らずどんな農村も孤立を目指すことは出来ない．しかし，全く無防備で世界経済にさらされるのを容認することも適切ではなかろう．なにがしかの経済的な城壁を設けることも許されて良いはずである．あとで述べる中山間地域独自の技術体系もそのような経済的城壁と一体となって機能してこそ有効になると考えられ，国際的な一物一価の原則と対峙しない形で地域個別の経済原則を併用するほうが，結局は地球規模における合理性に近づきうるという解釈もできそうである．

（2）地域のまとまり

住民の日常的な生活が納まるような地域[iii]を特定する事が出来れば，その範囲には活動のための要素すなわち，人，物，情報，エネルギー等の全てが自己完結的な形で含まれる可能性が高い．逆に，そのような地域を特定することが困難である場合には，その付近にはそれらの要素が自己完結的な形では存在していないと推定される．そして，より広い範囲との交流の中でその範囲の生活が営まれていると考えられる．最近の経済の国際化は以前の自給自足的な生活圏の自己完結性を著しく弱めて地域文化の継承を脅かしている．

[ii]「条件不利地域」を絶対的に定義することは出来ない．すなわち，条件不利地域は条件有利地域に対置される概念であって，何に着目して有利や不利を指摘している範囲なのかが明らかにならない限り，範囲の妥当性はおろか，本当に有利なのか不利なのかも論じられない．

[iii]「地域」にはさまざまな定義が与えられているが，いずれも地球上の一定の広がりを持つ範囲を意味する表現である．大別して住民を基礎に置く定義と地理的な特徴を基礎に置く定義とに分けられる．この他に作為的に設定する「地域」もあるが，論旨に合わないのでここでは扱わない．

歴史の中で，人々が次第にその活動の範囲を広げた結果，かつては散在していたそれぞれの地域の生活圏は接近し，ついには隣接あるいは重畳するようになってきた．こうして，同時期に相互に近接する地域が戦い，その優劣から場合によっては地域文化の淘汰が起こるようになる．その場合，相互の地域の住民が自己の日常的生活圏を守るために囲いを設けるようになる．このような戦いと囲いを設ける時代は，人類が平原に住むようになった頃から始まったと言われる．それまでは森に住んでいたので，互いの間にはいわば自然の囲いが有ってわざわざ城壁を作らなくてもよかったのである．

（3）中山間地域の相対的不利評価

中山間地域の地理的な特徴は，起伏と傾斜が比較的大きいことにあり，あちこちに盆地が散在する．そういう盆地から見れば，周囲の連山はある種の囲いの役割を担うことになる．もともと中山間地域は必ずしも条件不利に対応するものではなく，農業地域区分の一つであったはずだが，同区分に含まれる個別地域の概要を見ていると，どの地域にも不利条件や課題が次々と見いだされて，いつの間にか条件不利と対応させられるようになったと考えられる．ただしそれは，基本的には，経営的に最も有利な平坦地において常用されている平坦地用の生産技術および生活技術を前提にして，平坦地と対等の農業経営が展開できるか否かを評価した結果と推測される．地形や気象などの地域特性を有効化した農業経営の存在を評価以前の段階であらかじめ否定しているのではなかろうか．もし，地域性豊かな中山間地域独自の体系とそのための技術展開をあらためて検討する余地を残しておけるのなら，その方が良い．有利と不利は相対的な産物である．何をしようとしているのかによって同じ条件が有利になったり不利になったりして，違った評価を受ける．本来変化の少ない地理条件を有利にするのも不利にするのも人間の活動内容であるし，経済的に生じた相対的不利を解消できるか否かも人間の活動内容で決まる．少なくとも地域性豊かな中山間地域については，すべての範囲を一括して不利と判断するのは決して適当ではないと考えられる．

（4）議論の流れ

以下では，最近の中山間地域農村における活動の構造的な実態を踏ま

て，自然条件利用の不備を指摘し，次の時代背景に則した方法で有効に利用するための方策を探る．そこで，上述の経済的城壁もしくは緩衝機構が有効に働くことを期待した上で，2.2 では一般的な中山間地域にどのような条件不利が存在しているのか，そして，2.3 では地形と気象，2.4 では生態，2.5 ではインフラストラクチャー，2.6 では社会の問題について，それぞれどのような条件転換が可能なのかについて，地域の活動をできるだけ細かく分類して，それぞれの方向性を検討する．そして，2.7 ではそれらの全てに何らかの形で影響を及ぼし続けている地理条件を軸にして，中山間地域農村の条件をとりまとめて今後の方向性を論じる．なお，以下では中山間地域という表現をもっぱら中国地方の中山間地域の範囲に共通に見られる特徴を有する地域の意味で用い，その特徴を大きく外れる場合に限ってその事を明示することにする．

2.2 中山間地域の一般的不利

そもそも，中山間地域は地形を基準にして規定されているので，地形を共通の指標に採用する．あらためて考えてみれば，この地形条件は日常生活のさまざまな局面に見え隠れする基本的な環境条件であり，人間を含むあらゆる生命に最も重視される水の量ともかかわりが深い．そしてインフラストラクチャーの設営や，無意識に展開している社会ルールにも影響が及んでいる．そこに共通一貫する特徴は起伏による物理的および心理的な遮断，傾斜による意図的ないし反意図的な移動などである．かつては地域内と近隣地域に存在するあらゆる利用可能素材を探索して利用し，驚くほどきめの細かい充足関係を樹立していたが，農村の地域連携関係が希薄になってほとんどの作業が個人的に行われるようになり，さらにその個人の活動においても，それほど複雑でもない作業を完全に回避するために，すぐ近くにある素材の利用でさえ止めて既製品を購入するようになった．力や手間や時間をかけて作成したり調整する面倒を嫌った結果である．中山間地域は条件不利と言われるが，その真意はどこにあるのだろうか．

2.2 中山間地域の一般的不利

（1） 地形から来る不利

まず農業について考えてみれば，確かに，都市近郊でもなく平地農村でもなく，山地や盆地などを含む地域で傾斜地が多く含まれている場合には，平地のような単純な農作業体系を通用するのは困難である．同一の条件と見なされる土地のまとまりの単位が狭小であることが多いから，大規模単純作業導入によるコスト削減には相当の困難があり，一般的に平地用に開発されている機械を導入すること，特に大型化にはふさわしくない．治水や治山の観点から見れば，最大傾斜方向に向かう水の流れが集まって勢いを持つ事があるので，特に大雨やその後などに生ずる破壊的な流下の勢いを，災害を引き起こさない程度に抑える対策が必要である．

（2） 気象から来る不利

中山間地域の気象は地形に依存して微気象と呼ばれる局地的な特徴が現れやすい．作物に影響して品質の微妙な差異を生じることは，大型区画にして画一的な作業の単純化を目指す農業には不向きである．尾根を越すと条件が大幅に異なったり，区画の内部に条件のむらができて，同じ条件に揃える事が困難であったり不可能であったりする．気温を代表とする気象条件の急激な変化は一日に現れる較差として気象通報などで知られるようになっているが，遅霜や寒乾害などとして実害も発生する．

（3） 生物から来る不利

農業は地形を整え，水の流れに変化を加えたり生物の生育に必要な物質を集めたりして作り出した最適環境を，選抜した生物に提供する事によって発達してきた．そこに整備された環境は単に作物や家畜にとって快適であるだけでなく，草木にとっては光・水・肥料を争うような相手がいない快適な広場であり，野生の動物たちにとっては優れた給餌場でもあり，人との共存を意味していた．このような野生の攻勢を，かつての人は山に分け入る事で回収し，したたかに利用していたが，今は全盛期の一部だけが残るにすぎない．中山間地域は地形が複雑で気象に微妙な変化が生じやすいので，多様な生物が育っている．隣接する自然界の生物層の厚さは農業にとって，次々と訪れる生物と終わりの無いせめぎ合いを演じること，ある意味では脅威を意味す

るのである．

　特に野生の攻勢が平地で大きな問題にはなりにくいのに中山間地域で問題になるのは，境界線の長さが違うからである．平地の農地は比較的連担していて合計面積に対する周囲が短いが，地形の入り組んだ中山間地域では同じ面積に対する周囲が長くなる．人手が少なくなった現在では利用するどころではなく，むしろ鳥獣害対策や雑草対策が必要となっている．

（4）社会から来る不利

　交通の面から考えると，住居と耕作地の高低差が大きかったり往復の道のりが起伏や曲折の多いものになりがちである．それに対応して，地域社会の単位が，一定の人口構成を前提にするならば，広くなりがちであり，集会の際の参集距離に不平等な差が生じるなど，コミュニケーションにとっての不都合が生じたりする．なお，日本の中山間地域は山脈の尾根を境にして背中合わせに現在の地域社会を構成していることが多いが，ほとんどの地域が背後の類似地域よりも前方下流平地の比較的大きな都市方面に連携を求める傾向が強い．この場合，都市側に隣接する地域の「背中」を次々と見るような，流域の構成順位に沿った系列的階層構造が生じやすい．これらの単位地域はもっぱら強い方の連携にのみ注目するので，たとえば道路整備もそれに応じて着手され，整備水準もそれに準ずるという傾向は現場の人々にはよく知られている．

　中山間地域は地形が複雑で移動が楽ではなかった．最近になって道路と自動車が行き渡ったので，同じ時間でかなり長距離まで移動出来るように改善されたが，外部から訪問者が訪れる機会は平坦地に比べれば今でも多くはない．

　前述のように，流域における位置に地域性が依存するのは流路と道路がおおむね並行している場合の話であって，流路から離れる幹線道路が存在する場合はもちろんその限りではないし，下流側地域の一部が近隣上流地域に接続する例もしばしば見られる．すなわち，河川の合流地点付近に中間的な小都市が有って，それ以上の流域を束ねるような機能を持つ例が少なくない．しかしいずれにしても，平地に見られる同心円状の地域圏が見いだしにくい

ことは明らかであり，図2.1に示すように，半円やそれより内角の小さい扇形で圏域を捉える例が多い．合流地点小都市の位置である扇形の要の位置にこだわらずに諸施設を配置するにしても，明らかに利用者分布が偏ることになり，その意味でも社会資本への投資効率が悪いのである．

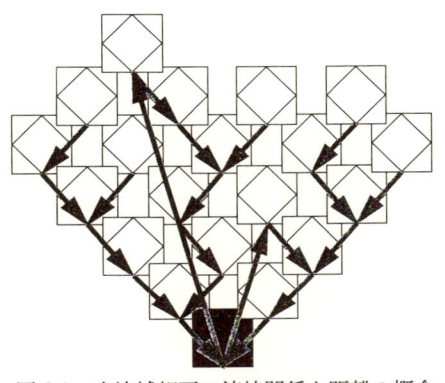

図2.1 小流域相互の連接関係と距離の概念

　里山構造がいくつか集まって一つの盆地を形成し，その盆地と盆地が尾根筋によって区切られている．しかし，それらは狭隘な河川によって連接しており，ある程度大きなまとまりになると，小都市が成長して町場（ダウンタウン）のサービスを提供する．この小都市は，後背地の人口の大きさだけに応じて発展するので，人口増加している期間は大いに賑わうが，何らかの理由によって後背地の人口が減少する時にはその影響がたちまち現れる．

　隣接する谷への距離は，一度下流に向かって合流点からもう一度上流に向かうことが多く，移動距離は直線距離よりはるかに長くなる．単に物理的な距離が所用時間やエネルギー消費の目安になるだけではない．人の認識は物理的な距離を超越できるとは言うものの，距離が離れれば認識も弱くなる．不詳であることは不審につながり不信に陥りやすい．そして平坦地より地域間問題が生じ易いのが中山間地域のかつての特徴でもあった．それが地域単位の結束を要求する場合には地域内に異なる意見の存在を認めない風潮を生み，異論の存在を覆い隠して不満を蓄積する地域性を生み，地域問題になることがある．

（5） 経済から来る不利

　最近の経済は国際的な価格を軸に動いている．中山間地域の農村でも熱帯の果物や北極圏の魚介類を手軽に入手出来る時代である．国際的な物価水準

の違いも影響して，ここまで運搬しても価格が抑えられているのである．特に，農業生産物はたとえば中華人民共和国における生産物が日本の農産物を駆逐している．日本の品種を渡して技術移転して生産させる契約栽培などの場合には，次第に生産物そのものの大きな差異はなくなっている．すなわち，その逆コースをたどれば，日本の製品はかなり高価格で輸出されることになる．製品そのものの品質に極端な差がない限り，この価格差は物流の方向を決定づける．

国内においても，それに類する経済的な産地間競争が続いている．中山間地域農業の産物が平地農業の産物に価格で対抗するのは非常に困難である．

そして，農村が農産物を販売した代価で購入する各種の工業製品やサービスは次第に数量共に増大している．特にエネルギーの購入利用が増大していることが注目される．これらは，近代的な生活水準を維持するためには，もはや不可欠なものとなっている．このことについては，現在の農村における諸活動の実態を見ることでより一層明瞭になる．

（6）連携不足から来る不利

これについては地域のスーパーバイザーの存在が問題になる．詳細は2.7で述べることにする．ただ，スーパーバイザーの指令が受け入れられるためには，地域住民との間に何らかの共通の規範を持つことが必要であると考えられる．

以上では，中山間地域の地理的な特性がさまざまな不利を発生させる要因になっている一般的な事例を見て，意外に広範囲に波及していることが確認できた．しかし，中山間地域は依然としてさまざまな魅力にあふれた地域でもある．次は，中山間地域の魅力の事例とその要因分析に入る．

2.3 地形と地質と気象

ここでは，生物を含まない，物理的な地域条件の部分について見てみる．それは，減少したとはいえ，地域に働く人々はそれぞれ独自の判断で行動しており，その成果を地域として集約するためには共通の焦点を持つか，あるいは少なくとも主な成果が相互に並行になる程度の方向性をもたせる必要が

あるからである．そして，以下では，人を含む生物が最初の活動を始める際に無意識の内に評価している物理的な地域条件がその規範の候補にふさわしいことを示す．

（1） 地　　形

　地形はさまざまな要因によって造られる．プレートテクトーニクスや造山運動などによる地殻変動によるものが最大の変化をもたらす．地形は水の流れに制約を与える条件であるが，特に高低差の著しい中山間地域などでは，その水の流れが働いて浸食や堆積によって造りあげた特徴的な地形も重要な位置を占めている．平坦地ではボーリング等の手段に頼らざるを得ない地質調査であるが，中山間地の断層や浸食は地層などの地下構造を切断してその断面を露出させる．このような露頭の多さがこの地域の特徴であり，断片的ではあるが地下の様子を岩石や地層や化石などから推定することができる．そして，それが手がかりとなって鉱物資源，温泉などの利用が始まることも少なくない．

　地表の水が太陽エネルギーによって蒸発し，上空で冷却されて重力にしたがって降水として地表に戻った水は，結果として蒸留されており，さらに山の上流部に降った成分は発電などに利用出来る充分な位置のエネルギーを保持していて，水力発電の能力がある．谷の形と高低差はその機会を提供するために利用可能である．最近の生態重視の世論はダムを反生態系施設の一つとして槍玉に挙げているが，その主な理由は河川を全面的に遮断するダムが上流と下流を隔絶するからである．それなら，発電所稼働の連続性に多少の不安を抱えることを覚悟の上で，流量の一部を利用する小規模発電を多数配置する方法を採用することが出来る．サイト開発の自由度や水の繰り返し利用を積極的に勘案すれば総発電量は大ダム方式に引けをとらないし，ローカルな電力需要にはむしろ送電線を節約出来るメリットも生まれると期待される．

　このような地形の特徴と利用容易さの関係を把握する方法として，50 m

図幅名称		0	1	2	3	4	5	6	7	0	1	2	3	4	5	6	7	
	7					田儀	神西湖	稗原	木次	上山佐	布部	井尻	江尾	延助	蒜山	下鍛冶屋	上斎原	
	6				大浦	石見大田	反辺	掛合	湯村	横田	阿毘縁	印賀	根雨	美作新庄	湯原湖	富西谷	奥津	
	5			温泉津	仁万	三瓶山西部	三瓶山東部	出雲吉田	阿井町	下横田	多里	上石見	千屋実	上刑部	横部	美作宮原	香々美	
	4		江津	浅利	大家	石見小原	野萱	頓原	比婆新市	比婆山	道後山	油野	足立	刑部	勝山	久世	津山西部	
	3	下府	都野津	川戸	川本	木路原	赤名	櫃田	比和	西城	小奴可	備中矢田	新見	井倉	呰部	西川	下弓削	
	2	浜田	石見今福	石見今市	矢上	出羽	口羽町	上布野	永田	庄原	帝釈峡	東城	吹屋	川面市場	有漢市場	下加茂	福渡	
浜田	1	木都賀	波佐	石見坂本	大朝	生田	前川	三次	三良坂	稲草	福永	油木	備中市場	高梁	豪渓	東山内	金川	高梁
5232－	0	宇津川	臥龍山	大仙原	志路原	八重	安芸横田	甲立	吉舎	上下	高蓋	小畠	地頭	三山	総社西部	総社東部	岡山北部	5233－
	7	出合原	三段峡	加計	琴谷	佐々井	安芸吉田	敷名	備後小国	本郷	木野山	金丸	井原	矢掛	箭田	倉敷	岡山南部	
	6	野入	戸河内	坪野	飯室	可部	井原市	乃美	下徳良	甲山	府中	新市	神辺	笠岡	玉島	茶屋町	八浜	
	5	安芸冠山	湯来	川角	祇園	中深川	安芸西条	白市	河内	垣内	三成	福山西部	福山東部	寄島	水島港	下津井	宇野	
	4	宇佐郷	津田	廿日市	広島	海田市	清水原	田万里市	竹原	三原	尾道	常石	鞆					
	3	周防本郷	玖波	厳島	似島	吉浦	安芸内海	三津	白水	瀬戸田	備後土生	百貫島	宇治島					
	2	渋前	大竹	阿多田島	江田島	呉	仁方	大長	木江									
広島	1	玖珂	岩国	甲島	大君	倉橋島	上黒島	大浜	波止浜									岡山及丸亀
5132－	0	上久原	由宇	伊勢小島	柱島	鹿老渡	安居島	菊間	今治西部									5133－

図 2.2　対象とした地勢図と地形図の範囲

図 2.3 各地形図における標高値ヒストグラムの尖り度

メッシュの数値地図情報[iv]を活用して標高分布の数量的分析を行なった．1/25000の一の地形図区画ごとに南北200点×東西200点の同じ標本数で，広島県を覆う中国地方中央部の地形図を対象とし，標高の出現頻度を統計的に処理して地形の複雑さを調べた．

たとえば，標高ヒストグラムの尖り度は，近似の標高がどれほど集中しているかを表すと考えられるが，図2.3に示すように，標高が高いことが山間地を意味しても，必ずしもそれに比例するような形で起伏が大きいわけではなく，一定の広がりを持つなだらかな地形が異なる標高に存在している事が伺えた．事実，中国地方の地形は標高約1000 mの道後山面と400〜600 mの吉備高原などの面と400 m以下の瀬戸内面という，三つの比較的水平な面を持つ[v]．なお，この分析のための計算は，独自に開発したプログラムを用いて行った[vi]．

従来の地形図においては，所定の経路に沿った道路の屈曲度を測定して農産物などを運搬する際の利便性との関係を論じる平面的な分析法が有効であるが，今は地図情報が数値で与えられているので，所定の路線に沿った縦断標高分布なども容易に作成することが出来るし，土地の傾斜度や傾斜方向についても同様に分析して考察することができる．ディジタルに扱える数値地図の特徴と従来の地形図のアナログ情報の特徴を組み合わせることによって

[iv] 国土地理院の監修になる50 mメッシュと250 mメッシュのものが日本地図センターから発売されている．

[v] 日本の地質『中国地方』編集委員会編：「日本の地質7中国地方」，共立出版株式会社 (1987)，p 1
広島県の地形も大きくそれに従うが，それぞれの面の標高はそれぞれ100 m程度低いようである．また，瀬戸内海と日本海の中央に近い三次付近に標高150 m程度の，低い盆地が存在する点が特徴的である．このため，三次市の北側には高野町の標高までに急な斜面が現れている．

[vi] 一連のプログラミングにはVisual Basic v. 6を用いた．数値地図のファイルを読み込んで，南北200×東西200の格子交点について，標高を統計処理した．また，格子線に沿う標高分布を折れ線でグラフ表示した．なお，海面にあたる地点はそのコードで識別して統計の対象から除外したが，海面以下の標高を持つ地点は統計の対象に含めた．

データベース化が容易になり応用地理的に有効な GIS 応用情報が得られる．もちろん，これを現地における GPS 情報と組み合わせれば，複雑な地形によってまどわされることなく，特定の地点に到達できて有用性が高まる．

（2）地　　質

中国地方には秋吉台や帝釈峡などの石灰岩による特徴的な地形が散在するが，一般に類似地質地域は多くの地殻変動によって分断されており，断続的に分布している．中国山地にひろく点在している事で知られるたたら製鉄は原料の砂鉄を鉄穴（かんな）流しによって採取していたが，たとえば斐伊川上流の場合には，白亜紀〜古第三紀の花崗閃緑岩・花崗岩の分布域に集中している事が知られている[vii]．このような地下資源の開発は時代と共に消長していて，今後も蝋（ろう）石や磁鉄鉱などのように時流に乗るものが出てくる可能性は小さくない．

（3）気　　象

気象とは，広範囲に長期間現れる気圏の特徴である気候に比べれば，比較的狭い範囲に限られる短期間の大気の現象とされる．たとえば地球温暖化ないし寒冷化はどちらかといえば気候の問題であり，中山間地域の位置づけに直接的に深く関わるのは気象の問題である．大気といっても，酸素や窒素の含有比率はそれほど大きく変化せず，もっぱら気象に大きく関わるのは，気体，液体，固体と状態変化の激しい水である．これらの変化は水という物質のエネルギー状態を反映していて，地球に到達した太陽エネルギーの一存在形態でもある．そういう意味で気象をうまく利用することは，太陽エネルギーの有効利用をも意味するのである．最近夕立が少なくなったといわれるが，太平洋高気圧に覆われて外からの水分補給が望みにくい夏に積乱雲からもたらされる夕立は，強い太陽エネルギーで蒸発した水がまっすぐ上空に持ち上げられて地球の引力にしたがってまっすぐ下に降ってきたものである．すなわち，水にとっては蒸留であると同時に繰り返し利用の実現でもあり，

[vii] 日本の地質『中国地方』編集委員会編：「日本の地質 7 中国地方」，共立出版株式会社（1987），p 210

また位置のエネルギーの獲得でもある．こうしてもたらされている質と量とエネルギーの回復を軽視してはいけないだろう．ちなみに，ミネラルウォーターは蒸留された後に地中にしみこんだりした時に地質の影響で溶融してくる適度のミネラルの味を重用するのであり，山の木々や地層が水をろ過してミネラルウォーターに浄化するという表現は正しくない．

　気象利用の知恵はその土地に長く住み続けてはじめて獲得出来るものである．そういう意味で，動植物の生態は有史以前からの知恵を受け継いでいて参考になる．いわゆる生物指標である．人間の技術はこのような気象を克服することを目指すものではあるが，いたずらに自然と対立するのではなく，植物などの種類から土地の気象を察知して適地適作で上手に付き合おうとしていた昔の対処方は，省エネルギーの時代にもう一度見直す価値があると考えられる．

2.4　生　　　態

(1) 有機物の回収

　日本には日本で生産された物に加えて世界各地から農産物が持ち込まれ，人や家畜の食料となっている．これらの食後の後処理はできるだけ生産的に農地で行うのが望ましいが，実際にはそうなっていない．作物が人に食われて，その腹を通って廃棄された後を引き受けるのは下水処理場またはし尿処理場である．そこで行われている処理の中心的な部分は，実は微生物によって進められている．そういう場所における分解だけを目的とした集中的なプロセスは，農村の農地におけるプロセスに比べれば生産的ではない．また最近の農村に，病気を恐れて，農業の対象としている動植物を完全管理の箱の中に収めて隔離しようとする流れがあるのは，生物の世界における食物連鎖との関係から気がかりである．

(2) 生態系の食物連鎖

　我々は水というと，いわゆるバルクの水すなわち汲み上げることが出来るほどまとまって存在する水に意識が集中しがちである．しかし，それに優るとも劣らない環境要素としての拡散した水は特に農村にとって重要な存在で

ある．このように，「水分」として存在している水は，固体の表面や大気中に気体や液体として少量ずつ分散している．具体的には，土壌水分，空気の湿度，生物体の中の水などである．多くの場合，そういう場所には微生物が生息している．これは，完全な食物連鎖の存在を保証する．都市では，じめじめとした空気や土壌を嫌って除湿しコンクリートで固めているので，かびやいわゆるばい菌は，少なくとも表舞台には登場しない．微生物がいないと最終

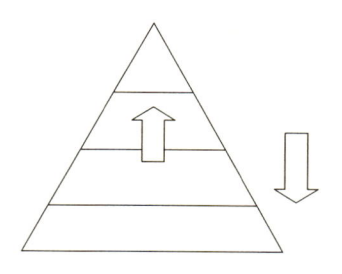

図2.4　最終捕食者を頂点とする三角形の食物連鎖の図

的な生分解が不可能であり，生物世界の物質のリサイクル環が完成しない．その意味で，最近話題になっている「最終捕食者を頂点とする食物連鎖の三角形」は，都市の生物世界のリサイクル環と同じように，しばしば不完全な形で紹介されている．正しくは，上に向かうルートと同時に，命を落とした全ての動植物が上位ではなくより下位の動物に食われ，最後に微生物によって分子のレベルまで分解されるという，下に向かうルートが存在することを再確認する必要がある．食物連鎖の矢印は常に上下両方に向けられているのである．ちなみに，現在の日本では，より自然な形での食物連鎖は農村に存在しており，さらに中山間地域のあたりで天然の生物の営みに接続していることになる．

（3）農業の生態系

農業は都市を象徴とする人為的な管理の世界と，無生物および有生物の現象を含む天然の世界とを接続する位置にある．両者の大きな違いは，前者が同類のものを大規模に集中的に集めようとするところにある．たしかに，生物の本質的な特徴は，自分に不必要なものを排除し必要なもののみを取り込む，「抽出」である．そして，人はそれを自分の体内で燃焼させるエネルギーだけでなく体外で燃焼させるエネルギー源をも用いて，非常に大規模に進めるようになった．その結果，人為的な管理の世界に異常に蓄積した物質をスムースに天然の世界に戻すことが困難になって，好ましくない環境負荷をか

けていると考えられる．したがって最近の有機農業の見直しは画期的に重要な意味を持つと言えよう．

たとえば土壌微生物の排出する二酸化炭素の量を侮ったのが原因でアメリカの生態系カプセルプロジェクトが短期に中止に至ったことはその潜在的重要性を示している．そして，それを人為的に促進しているのが農地という培地である．

中山間地域には，多様な地形と気象条件が提供する多様な環境が存在している．日本の場合，水分が豊富なので，そのほとんど全ての場所に適した生物が，環境調査に生物指標を使うことができるほど生息している．それらの適合性を参考にすれば環境をよりよく理解することにつながり，農地管理の改善方法を見つけることができると期待される．

（4）**絶滅危惧種とありきたりの生物**

生態系を保護して人の環境をも守ろうという発想と行動が市民の中に一般化してきているが，象徴的に絶滅危惧種を対象にしていたはずなのに，ありきたりの生物の位置づけがおろそかになっている主張もいつのまにか見られるようになった．頂点に立つ生物の近くにありきたりの生物がいて，さらに，目に見えない微生物の存在を加えて，はじめて健全な生態系が成り立つのであり，これらの比較的小さい生物たちは，多数の力によって大きな仕事をなし遂げている．未分解有機物のA0層を含む土壌で活動している小さい生物たちおよび彼らに支えられた一連の動植物は，人に意識されていなくても，常にその生態系における役割を果たしているのである．

2.5 インフラストラクチャー

（1）**道　路**

道路整備が自動車の性能の向上と共に進行して，谷筋ではなく尾根付近を通る道が新設されるようになってきた．その結果，盆地の幹線道路から分岐して谷の奥にたたずまいを見せていた集落が新設道路のすぐ横の表玄関に位置づけられて，通勤条件が急に好転する例などが見られるようになっている．このような道路は周囲の見晴らしも良くて，観光資源としても位置づけ

られるから，冬季の凍結などへの対策が出来るなら，その役割はきわめて大きいものとなる．主要な道路に設置されている道の駅は，道路管理者の整備する休憩施設と第三セクター等の公的な主体が設置する施設とを一体化したものであり，① 充分な収容力のある駐車場と ② 清潔なトイレと③道路や地域に関する情報提供に加えて，④ 高齢者や身体障害者の利用への配慮や⑤景観への配慮等が求められている．地域が自らの特徴をアピールする役割と成果が次第に知られるにつれ高く評価されて整備が進み，1999年現在で中国地方建設局管内に 46 カ所ある．はじめは平坦地の幹線道路ばかりであったが，最近は必ずしも交通量にこだわらず，山間の主要地方道などにもセンスの良い道の駅が設けられるようになってきた．ぎりぎりの維持管理だけでなく，能動的な地域活動と結びつけて利活用を図ることが大きな効果を生み出している．

　地域と別の地域を結ぶ幹線道路が改善されている一方で，地域内部の小道の整備と維持には問題点が見られる．個人的交通手段が徒歩から自転車，軽自動車やバイク，普通自動車へと移行するにつれて，通行可能な経路が限定され，畦道や脇道の利用が急速に少なくなった．

（2） ダ　ム

　ダムは立地条件が厳しく莫大な費用がいるので容易には建造されないが，広島県では比較的多数のダムが建設されている．たとえば広島県三良坂町と吉舎町と総領町にわたる灰塚ダムの場合には，立ち退き住民は生活再建団地などでの新しい生活に移行して，ダムは本体工事に着手する段階にある．ダム湖の底に沈む土地では生態学的な調査や種の保存のための移転計画などが進められ，ダム湖の周囲になるところでは道路整備などと共に公共利用施設などが建設されている．しかし，その性格は他の大ダムの例にもれず，河川の上流と下流を全面遮断する堤体を設けて洪水防止と上水道用水の確保という目一杯の経済効果を期待するものになっている．湖面利用も，既設のダムのように禁止される傾向は弱まったとはいえ依然として続いていて，もっぱら下流に貢献しサイト付近や上流への還流が少ないという問題点は必ずしも克服された訳ではない．保証金よりも，ダム湖およびその周辺を将来利用す

ることから生み出されるものの方が地域に貢献することになる.

(3) 農地整備

中山間地における農地の整備は，畦道の利用が減少した事と関連して，たとえば田の排水口の見回り回数を減らして水を豊富に取り入れるようになり，排水に含まれる汚濁物質が充分にろ過されることなく排水路に放出され，用水と排水を分離しているので，排水路に落とされた水が再利用されるまでの距離が長くなり，排水路の通水能力を大きくしなければならないから断面積が大きくなり，潰れ地が広くなるとともに，地域全体の揚水量が大きくなるなどしてポンプのための燃料や電気代がかさむなどの新しい課題も生み出している.

とはいえ，農業施設等の改善や新設は，主要な地区への導入がほとんど終了したので，たとえば圃場整備は，兼業機会の少ない地区の農家に兼業の場を提供するという役割も果たして，傾斜地であるが故にかさむ圃場整備の自己負担金を用意しなければならない農家などに貢献してきたが，その配役がそろそろ終盤を迎えている状況である．その経費をどのように捻出するかという点で課題が多く，条件のよくない地区が対象になるにつれて次第に活発ではなくなってきた．しかし，農地の流動化を促進するという観点を重視する立場からは，最も必要性の高い地区が整備を受けられないままになる情勢とされ，新しい対策を待望する声もある．

(4) 情報化

受発信局の能力が不足気味で同時に通話出来る回線の数が少ないなど，都市ほどの通信の信頼性が保証されているとは言えない状況である．しかし，主要な居住地域では携帯電話の通話可能範囲も拡大して通話品質も改善されてきた．

2.6 社　　会

過疎は人口では定義出来ない．疎遠になるというのが過疎の真の問題点であって，人口が減少することも，組み合わせの数を単純に減少させるので，その重要な要因になりはするが，残った人々が密接な交流を維持出来るな

ら，おそらくその実態を表現するのに過疎という用語は不似合いだろう．人口が減少しても重複した組み合わせで対処すれば過疎にならず，逆に活性化を図ることも可能なはずである．住民が干渉しすぎない程度に相互理解をしていることはむしろ望ましい．たとえば失われた結合関係の代わりとして近代的様相での結合関係を再構成するとか，失われた要素の代わりを補充する，もしくは既存の要素を全く様相の異なる新たな位置づけにするような役割を持つ新規要素を追加する方法が考えられる．そしてそれと同時に新たな結合関係を創造する必要がある．ただし，形ばかりの関係を登録するのではなく，確実に起動させ機能させなければならない．

　前述のように中山間農村の資源分布の基本特性が分散型であるので，大規模に集中的に修正するのは難しい．しかし，全ての要素が認識され，理解される規模としてまとまりやすいので，小規模ながらも次第に，しかも計画的に実現することが可能であり，最もふさわしい．

　これらと関連して，広島県三次市とその近隣の小学校でアンケート調査[viii]をした結果を図2.5に示す．図に示した10の選択肢の内，どれを経験

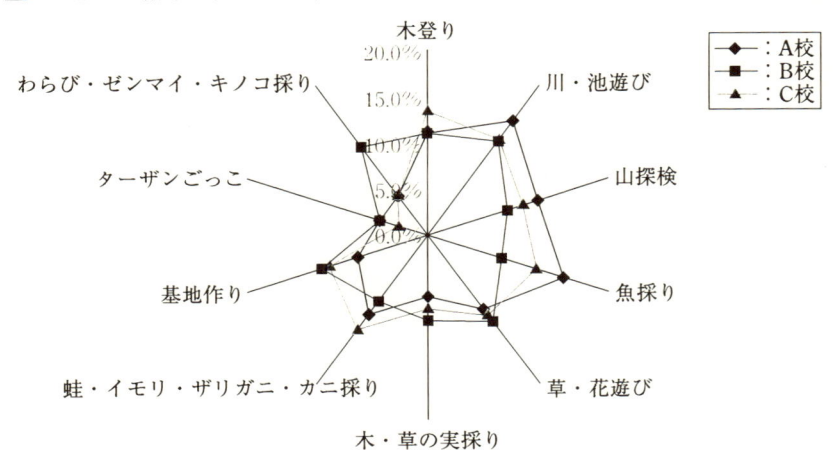

図2.5　三次市付近の小学生の遊び調査結果

[viii] データは広島県立大学研究生の豊原英子氏の厚意により提供された調査資料であり，これを加工した．

したことがあるか，複数回答をまとめたものである．これだけを見ると小学生が自然と触れ合う遊びをしているように見えるが，実は自由回答で頻度の高い遊びを問うたところ，コンピュータゲームという回答が最も多かったのである．地理的に自然と触れ合う機会の多い小学生でも，架空の世界で遊ぶようになっている．その背景に危険を極度に避けさせようとする指導や受験対策が有るとすれば，地の利を活用した教育がもっと重視される必要があると言えよう．

　農村における教育は，受験対策の教育強化が強く求められると同時に，地域教育としても重視されているが，広く人間性獲得の機会として捉えられようとしている点にも配慮できれば，新しい可能性を見いだすことになるだろう．そのためには，教育にふさわしい環境が意図的に整備される必要がある．この場合の教育環境には ① 物理空間としてのインフラストラクチャーと ② 自然環境とそのなかで小学生が育まれる ③ 地域社会的環境が含まれると考えられる．たとえば，① 深い排水路などによって失われた畦道の連続性や②農地周辺における農薬の使用や③地域住民が兼業などで地区外に出ているため子供を見守る人が少ないことなどはそれぞれの環境区分における対策の必要な事例である．小学校による校外・課外指導の可能性を検討したうえ，必要に応じてレンジャーやインストラクターを置くことも検討されることが望ましい．

2.7　地域活性化の指針

　以上を見てきて，当面の分野における制約条件に対しては，集中的に取り組んで克服するという活動によってかなりの地域活性効果を発生させる事が明らかである．しかし，その結果の多くがなお個別の成果にとどまっており，中山間地域でありながらその制約条件による困難をほとんど全く感じさせないというほどに活性化された地域は残念ながら存在していない．すなわち，かつてのように自分の得意な分野に専門的に取り組む担い手が存在して，その人々の分担によってあらゆる必要な局面に対処していた農村のころとは違って，限られた人数の強い行動力を持つリーダーが地域を束ねること

2.7 地域活性化の指針

の多い状況では，これだけはという一村一品運動のような部分的な活性化では，おそらく，その地域の他の分野をも支えるほどの強度を獲得することは出来ないのである．

　以上を総合すれば，2.2 の一般的不利のところで省略したが，(6) 連携不足から来る不利に相当する不利が存在することが明らかになったと言える．すなわち，従来の多くの地域リーダーたちは，「地域の人々が何もしなくても」お金が入る補助事業を採択してもらうことに熱心であったが，そこに大きな落とし穴があったと考えられる．そもそも現在の中山間地域は「過疎化」が進行して「活性化」が必要になっている．そして，その過疎化とは人口が減少することではなく，人と人との連携関係が疎くなることを意味している．そういう場合は，一人一人が何かをすることこそ真の「活性化」であり，「過疎対策」であろう．つまり，人口は容易に増加しないができるだけ広範な既存の要素を同時に連動させてそれを克服することは，方法次第で可能である．それが中山間地域における真の活性を引き出す決定的な条件であると言えよう[ix]．その際，新たな出費や借り入れはできるだけ避けるべきである．広範な要素を扱いきれない恐れがあるのなら，統一された秩序原理に則って全てを判断することにすればよい．ここでは，土地に傾斜が付帯している地域の原則として，水の流れの順序で表される地形の特性を尊重するという原則を採用することを是としたい．水の動きが全ての根底に共通してあるのならば，その法則を共通の法則として全ての要素のとるべき方向をそれに合わせれば，全体の活動がその方向に揃ってくる．別々の行動でも行動規範が共通すれば全体としてそごの少ないシステムとして仕上がることがより高い確立で期待出来る．なお，その担い手が限られているのだから，相互に連絡を取り合うことはむしろ容易になっているとも言えよう．

　平坦地などで穏やかな水の流れになれている，あるいはポンプなどを使っ

[ix] おそらく中山間地域以外のようにもう少し条件が整っていると他の有利条件がこの不利条件を潜在化させるが，中山間地域のように不利条件が重なるとその連結不足が顕在化すると考えられるからである．

て人為的に水を動かすことが必要で，人による水の制御が可能だと考えているような所では気づきにくい事であるが，水の流れの法則が実はあらゆる地域活動の根底に存在していて，意識をする，しないに関わらず，その法則に支配されているのである．地形地質の多くは始原的には水の流れを制約すると言えようが，やがては逆にその水によって変えられていく．気象，生態，インフラストラクチャー，社会，そして最終的には経済までもが水の流れの根源的な影響下にある．そして，すでに論じたところであるが，それらの事実が実際に明瞭に現れるということが中山間地域の特徴なのである．

　実は，そういうシステムはかつて全国に存在していた．たとえば「里山」という地域認識はその一例であり，麓（ふもと）集落を中心とする近隣の土地利用の合理性を指摘していると言えよう．近年里山という言葉がかなり頻繁に使われるようになった背景には，特に第二次世界大戦の後にもてはやされてきた，一方的で行き着く先が不明な「発展」に疑問を持ち，古来の実績として長期にわたり安定的に保たれた「繁栄」が持っている安心感や，その地域総合的な循環調和の見直しなどという，一定の秩序の重要性を感じ取っている世相がある．

摘　　要

　中山間地域は地形が変化に富んでいる．その理由の一部を担っているのは水の流れであり，地形はその水の流れに大きな制約条件を与えている．生物は水の存在形態と密接な関係がある．かつてのこの地域の人々は農林水産業を介して生物との密接な関係を長期に安定して維持してきたことが知られている．現在の中山間地域における混乱の一部が，動力の使用を前提として水の流れを軽視し，周囲との連携を無視して近視眼的な土地利用を進めたことにあるとするならば，方針転換をする必要があるだろう．人類の次の世代が生物との関係を重視する自然環境適応型の文化の創造に向かうとすれば，水の流れを基底規範とする土地利用秩序の尊重が欠かせない．そのことは可能な限りエネルギー使用を節約した上で，ローカルエネルギーを有効に使おうとする技術論に沿うものであるとともに，都市との対比を明瞭にして農村の

魅力を維持することにもなり，農村にサービス業を根付かせる手法として位置づけることも可能であろう．すなわち，自然環境との共存をするためにエネルギー使用を最少に抑えて太陽光線起源のエネルギーへの転換を進めて，農村を「生産の場」であると同時に「多くの生物と人間が緊張関係の中に共存する場」に仕上げれば，人にとっては生物としての健康な肉体と精神を育成し回復する場にもなるのである．

　中山間地域の自然条件自身は基本的には不変のものであるが，人間の都合によって好評を得たり不評になったり，その評価は大きく変化する．人間の都合で現時点での不利条件として扱われているものがあるが，それを有効利用するには人間の都合との調整を図ることが必要である．その役割を果たす人材が不足するのなら，データベース利用などの情報化によって，的確で無駄が少なくしかも柔軟な計画を立案すると共に，その情報網を利用して「農村に[x]」来てくれる人をしっかり把握することが最も肝要であると考えられる．たとえば，都市の人々が最近の農村で体験する「農業」とは，泥田に裸足で入って手で植える田植えと，鎌を使っての手刈りである．しかし，これは現実の農業とはかけ離れている．農家の人々が実際に取り組んでいる農業と同じものを体験してもらってこそ，真の相互理解が始まるのではなかろうか．すなわち，田植機による田植と，夏の盛りに草刈機を使って数回に渡って繰り返す畦などの草刈り[xi]と，コンバインによる収穫作業などをイベン

[x)] 都市の人々の多くは「農村へ」向かい，その心情は農村をへてさらに別の所へ移動する．農村を通過する人々と言うことも出来る．それとは別に「農村に」来る人々は，特定の農村を目的地としており，心情としてはその地域の人々と同化する傾向にある．両者の軌跡は類似しているかもしれないが，受け入れる側の農村にとっては重要な違いである．

[xi)] 現在の自然指向運動には，自然に全く対抗しない主義のものも含まれている．しかし農村の場合にはそれでは継続出来なくて，自然物には，大切に保護するべきものと，人との関係から除去しなければならないものとの，両方が存在するという認識が通常である．このことは，実際に自然の営為と向き合わないと理解しにくい．だからその状況の理解を共通にする作業も必要である．たとえば草刈りに関しては，事前に雑草講座のような別のイベントを設定して，草や昆虫などの観察や識別を指導したり，花輪づくりや染め物などのさまざまな遊びを体験させ，最後に思う存分踏み荒らすなどの機会を提供することもできる．そういう趣旨からも，除草剤の使用は避けた方が良いだろう．

トに組み込んで実施する方が良い．機械は危ないというのなら，保険をかけて簡単な手ほどきを受けてもらってから始めれば良い．操作がまずくて田が荒れるというのなら，あらかじめ都市の人の中から熟練のオペレーターを養成しておいて，あとからやり直してもらえば良い．数年の内にはそういう人が育つはずである．イベントとして提供するのだから田は少し荒れて収穫も少ないかもしれないが，料金を取っている場合には回収出来るだろう．むしろ，その地域の人々と特別な信頼関係を持つ都市の人々，すなわち特別村民制度などと同じ趣旨の，特別なつながりを維持して特定の「農村に」来てくれる人を得ることのほうが大きい効果が得られると期待される．もちろん，地域の食文化を紹介しながら一緒に調理したり，伝え聞く昔話を題材にしたりしてできるだけ多くの人がちょっとした働きを持つことが好ましい．そのためにも，迎える側が自分たちの持っているものを充分把握した上でそれぞれを客観的に正当に理解しておくことが大切である．農村と都市とが対等に付き合うこと，その考え方は大人だけでなく子供たちにも遺憾なく伝達される．従来も歴史的な地域文化の継承はそういう形で脈々と続いてきたし，今後もそうなのである． (前川俊清)

第3章 中山間地域における農業・農家の再編過程

―広島県備北地域の過疎化と農民層分解―

3.1 はじめに

　日本の中山間地域では過疎化および高齢化により地域社会の維持も困難になってきている事例が見られるなど，事態は深刻化している．事態に対応し，政府も中山間地域等における直接支払いを実施することとなった．このような制度が施行されるのはわが国農政史上初めてのことといわれている[i]．

　また，中山間地域に関わる調査・研究は相次いで発表されている．しかし，中山間地域の諸問題すなわち過疎化に関する最近の研究を見ると[ii]，中山間地域の諸問題を引起こす根本的な条件をふまえた問題の総合的・構造的分析が弱いように思える．山積している諸問題それぞれについての調査・分析，当面要請されている諸問題それぞれに対する提言は欠かせないが，同時に中山間地域の歴史的発達過程を総合的・構造的に分析し，歴史的過程の到達点としての現状と諸課題を正しく把握し，展望実現へと進む道筋を示すことも必要であろう[iii]．

　本稿は，このような必要に対するため，広島県備北地域の実態を整理するなかから，中山間地域の歴史的到達点と当面する課題を明らかにするため総合的・構造的に把握するための枠組みを模索するものである．なお，その際，地域開発について主張されている内発的発展論，また農業構造の把握につい

---

[i] 中山間地域の概況と課題について
『図説・食料・農業・農村白書（平成11年度版）』農林統計協会，2000年
『過疎対策の現況（平成10年度版）』丸井工文社，1999年など．

[ii] 最近の農業センサスによる中山間地域の分析として
　高橋正郎編『日本農業の展開構造―1990年世界農林業センサス分析―』農林統計協会，1992年
　宇佐美繁編著『日本農業―その構造変動―1995年農業センサス分析―』農林統計協会 1997年
主として中国地域をふまえた研究・報告書として
　中国新聞社編『中国山地』上・下，未来社，1967・1968年
　中国新聞社編『新中国山地』，未来社，1986年
　安達生恒編著『農林業生産力論』御茶の水書房，1979年
　永田恵十郎・岩谷三四郎編『過疎山村の再生』御茶の水書房，1989年
　北川泉編著『中山間地域経営論』御茶の水書房，1995年
　小野誠志編著『中山間地域農村の展開―地域産業広域複合経済圏の構築―』筑波書房，1997年
　乗本吉郎『過疎地域の開発方向』今井書店，1970年
　乗本吉郎『過疎問題の実態と論理』富民協会，1996年
　山本努『現代過疎問題の研究』恒星社厚生閣，1996年
　児玉明人編『中山間地域農業・農村の多様性と新展開』富民協会，1997年
とくに庄原市・比和町の農業に関わるものとして
　三橋時雄編『肉用牛放牧の研究』ミネルヴァ書房，1973年
　小野誠志『農業生産組織と地域農政』明文書房，1989年
　安藤益夫『地域営農集団の新たな展開―生産を越えて―』農林統計協会，1996年
　豊かな県北地域づくり研究会『高門・ため池と棚田の村から―中国山地の米作り―』自治体研究社，1998年
その他近年中山間地域農業問題を論じたものとして，例えば
　大内力・梶井功編『中山間地域対策―消え失せたデカップリング―』農林統計協会，1993年
　小田切徳美『日本農業の中山間地帯問題』農林統計協会，1994年
　柏雅之『現代中山間地域農業論』御茶の水書房，1994年
　田畑保編『中山間の定住条件と地域政策』日本経済評論社，1999年
　矢口芳生編著『中山間地域振興の在り方を問う』農林統計協会，1999年など参照.

[iii] 本稿で総合的・構造的把握として分析しようとしている視角についてふれておくと，過疎問題は，資本主義体制のなかでの過密と過疎の同時進行過程の一局面，すなわち，大資本の高蓄積の追求を主動力とした，中山間地域農業・農村における，資本主義の法則の貫徹過程として進行している農民層分解を主要な側面とする歴史的一局面である．そこで過疎問題は，中山間地域の農業・農家だけの問題として農外の条件と切り離しては把握できない．また，過疎をもたらしている中山間地域の基本的な産業の問題は，第1次産業（農林業）だけでなく，同時に第2次・第3次産業も含めた総合的な問題なのである．なお過疎問題は，経済的には資本主義体制のなかでの価値の蓄積と収奪の進行という側面を視野に入れた把握をする必要がある．過疎問題は，このような総合的・構造的な歴史的過程として把握すべきであると考える．

ては農民層分解論の立場に留意した[iv]．

3.2 広島県備北地域（中山間農業地域）農業・農家再編過程の概要

(1) 庄原市（中間農業地域）の場合
1) 過疎化の進行と対策の概要

　広島県備北地域とは，広島県の北東部に位置する面積約 2000 km^2 の地域を指し，中国地方のほぼ中央に位置している．この備北地域は，三次と庄原の二つの市を核として構成されている．

　この庄原市は，昭和29（1954）年旧庄原町を中心に7町村が合併して発足したのであるが，人口はその後減少を続け，とくに高度成長期には急減し，昭和29年の33133人が，平成9年には21779人，差引き11354人（1954年の34.3%）の減となっている．このような人口減少は農家人口の減少により

[iv] 内発的発展論と農業の関わりについては，例えば，2000年度日本農業経済学会大会共通討論のなかでの守友裕一報告「地域農業の再構成と内発的発展論」において系統的に検討された．主要な論著のなかからいくつかを示すと次のとおりである．
　宮本憲一『現代の都市と農村―地域経済の再生を求めて―』日本放送出版会 1982年
　宮本憲一『環境経済学』岩波書店，1989年
　宮本憲一・横田茂・中村剛治郎編『地域経済学』有斐閣，1990年
　磯辺俊彦・保志恂・田中洋介・田代洋一編著『変革の日本農業論』（講座日本の社会と農業⑧総括編）日本経済評論社，1986年
　永田恵十郎『地域資源の国民的利用―新しい視座を定めるために―』（食料・農業問題全集18）農山漁村文化協会，1988年
　守友裕一『内発的発展の道―まちづくり・むらづくりの論理と展望―』農山漁村文化協会，1991年
　保母武彦『内発的発展論と日本の農山村』岩波書店，1996年
　宮本憲一・遠藤宏一編著『地域経営と内発的発展―農村と都市の共生をもとめて―』農山漁村文化協会，1998年
　地域農林経済学会編『地域農林経済研究の課題と方法』富民協会，1999年
　なお，中山間地域における農業・農家の再編過程について，資本主義と農民層分解という視角からの研究の深化は，近年充分に果たされていないと思われる．荒木の農民層分解論の理解については，『稲作経営発達の論理―技術と経済の矛盾―』富民協会，1989年，第1章3農民層分解論の研究史，参照．

もたらされたものであり，非農家人口だけからみるとやや増加している．すなわち庄原市は過疎市となっているが，それは農業・農家の後退によりもたらされたものである．

そのことを庄原市の就業人口の推移から見ると（表3.1），1965年庄原市就業者14223人のうち第1次産業就業者は7446人（就業者総数の52.4％）であったのが，1995年には1940人（16.5％）と絶対的にも相対的にも激減しているのである．それと比べると，第2次産業就業者は2113人から3513人へ，第3次産業就業者は4664人から6333人へと絶対的にも相対的にも増加している．それは，とくに雇用者の増加によっている．

表3.1　産業・従業上の地位別就業者

			総数	第1次産業	第2次産業	第3次産業
庄原市	1965年	総数	14,223	7,446	2,113	4,664
		雇用者	5,129	103	1,750	3,276
		自営業種	4,362	3,210	256	896
		家族従業者	4,727	4,130	106	491
		不詳	5	3	1	1
	1995年	総数	11,789	1,940	3,513	6,333
		雇用者	8,056	118	2,930	5,007
		役員	627	13	282	331
		雇人のある業種	268	7	66	195
		雇人のない業種	1,668	1,014	166	487
		家族従業者	1,168	786	69	313
比和町	1965年	総数	2,202	1,682	96	424
		雇用者	344	25	75	244
		自営業主	708	593	17	98
		家族従業者	1,147	1,062	3	82
		不詳	3	2	1	0
	1995年	総数	1,255	389	380	486
		雇用者	720	26	322	372
		役員	29	1	13	16
		雇人のある業種	25	7	8	10
		雇人のない業種	258	176	25	57
		家族従業者	223	180	12	31

資料：国勢調査の数字による

3.2 広島県備北地域（中山間農業地域）農業・農家再編過程の概要

表 3.2 年齢別就業者（1995 年）

	年齢	総数	従業地			
			自宅	自宅外自市町	県内他市町村	他県
庄原市	総数	1,1789	2,903	7,008	1,868	10
	15～19	188	3	136	49	－
	20～29	1,654	68	1,150	436	－
	30～39	1,828	134	1,267	426	1
	40～49	2,730	369	1,828	528	5
	50～59	2,383	481	1,583	317	2
	60～69	2,060	1,075	880	104	1
	70以上	946	773	164	8	1
比和町	総数	1,255	469	486	298	2
	15～19	5	－	2	3	－
	20～29	75	4	25	46	－
	30～39	183	15	87	81	－
	40～49	261	30	137	92	2
	50～59	225	66	114	45	－
	60～69	327	203	96	38	－
	70以上	179	151	25	3	－

資料：国勢調査の数字による

なお，就業者の従業地を見ると，就業者の大部分（9911 人，総就業者の 84.1 %）は地元で就業している．

このような人口変動に対応し，庄原市の採ってきた対策と課題については，次のように記されている（『過疎地域活性化計画』広島県庄原市，平成 6 年 12 月，2～3 ページ）．

「これまでの対策とこれからの課題

過疎地域指定を受けた 25 年間に，過疎解消に向け，全市土地基盤整備事業，国営公園の誘致，広島県立大学の誘致，工業団地建設による企業誘致，公共下水道事業等々のプロジェクトを設定し，産業基盤の整備，生活環境の整備並びに交通通信体系などの諸整備を図ってきた．

その結果，各種プロジェクトの実現により，近年では，人口減少は鈍化の傾向を示しているものの，増加に転じるまでには至っていない．

また，長期間にわたる若年層を中心とした人口流出に伴う高齢化の進展，農産物の自由化に伴う将来農業への不安や意欲の低下など，地域社会の活力が弱まってきている．

このため，若者定住の基礎的条件である働く場所の確保を最優先に，快適な生活空間の創出，基幹的な道路網の整備，高齢者保健福祉対策等々，総合的な活性化対策が緊要な課題となっている．」

「社会的・経済的発展方向の概要…中国地方初の国営備北丘陵公園や県内最高温度の温泉を活用した簡易保険総合レクリエーションセンター等の大規模集客施設を生かした，広域的観光ネットワークによる交流の推進とサービス産業の振興，広島県立大学の研究機能や情報力を生かした新産業の育成と関連企業の誘致，上野総合公園や公共下水道などの生活環境の整備等々若者定住対策を基軸としながら，高齢化・国際化への対応，新時代を担う人材の育成等につとめ，豊かな自然と調和した潤いと活力に満ち人間性溢れる地域社会の実現をめざす．…」

以上により，庄原市の近年の動向と政策の骨格がうかがえる．

2) 農業・農家の推移

以下，庄原市の過疎化をもたらした主要な局面であった庄原市農業・農家の推移を中心に検討する．

1960年から1995年にかけて，庄原市農家人口は21776人から10357人へと11419人（52.4％）減少し，半数を割っている．人口減少は，対象にしている時期の前半期により著しい．このような人口減少は，とくに若年層で急速であり，65歳以上の老年人口は絶対的にも増加している．人口減少と同時に農家戸数も減少しているが，1戸当たりの人数も減少しているので，戸数の減少は人口減少ほどは著しくない．

人口・戸数の減少と同時に耕地面積も減少している．脱農した農家の耕地の多くが耕作されなくなったのであろう．ただし戸数の減少より耕地の減少が少ないのは，一部の耕地は残った農家が耕作することとなっているからであると思われる．1戸あたり平均耕地面積はわずかではあるが増加している．しかし，耕地面積は796 ha（25.4％）減少している．

3.2 広島県備北地域（中山間農業地域）農業・農家再編過程の概要

　この耕地を利用して行われた耕種生産の状況を収穫面積から見ると，1960年には総収穫面積 4285 ha（総耕地の 136.7 %）のうち稲が 2502 ha（総収穫面積の 58.4 %）であり，麦・雑穀・いも・豆類など計 790 ha（同 18.4 %）その他となっている．ところが 1995 年には総収穫面積 1846 ha（総耕地の 79.0 %）となり，1960 年と比べると 2439 ha（1960 年の 56.9 %）も減少している．そのうち稲 1521 ha（総収穫面積の 82.3 %），麦など 34 ha（同 1.8 %）となっている．作付けの減少と粗放化と稲単作化傾向が強まったのである．

　庄原市森林面積 17916 ha は，総面積の 73.5 % を占めている．この森林の多くを保有している保有山林農家も，農家の減少に伴い減少しているが，保有山林面積はそれほど減少はしていない．そのため 1 戸当たり保有山林面積は少し増加している．ただし全体としては零細保有状態にある．

　1960 年当時，飼養家畜の中心であった役肉用牛は 2751 戸（総農家の 66.7 %）で 4527 頭を飼養していたが，1995 年には 232 戸 1338 頭に減少している．そして 1 戸あたり平均飼養頭数は 5.8 頭にまで増加しているが，大部分の農家はやはり零細飼育である．

　このほかの家畜の飼育農家もいずれも減少しているが，1995 年には，乳牛は 47 戸が 1627 頭（1 戸平均 34.6 頭），豚は 7 戸が 1941 頭（1 戸平均 277.3 頭），鶏は 33 戸が 23100 羽（1 戸平均 700 羽）を飼養している．畜産農家では，零細規模農家の脱落が急速であったが，一部農家で規模拡大が進み，商業的農業が進展してきた．（平均的数値からは，大規模稲作農家の形成は読み取れないが，後述のとおり稲作においても一部では大規模経営が形成されてきた）．

　以上の変化の総合された全体的傾向をうかがうため，耕作規模別戸数の変化を見る．表 3.3 により，1960 年と 1995 年の階層別戸数を比べてみると，1960 年にはなかった 3 ha 以上の規模の農家が 50 戸形成され，2～3 ha 層農家も 26 戸から 82 戸に増加しているのに対し，1 ha 未満層の農家は大きく減少している．1～2 ha の中間層は一時増加傾向を見せていたが，近年は減少傾向を見せている．132 戸（1960 年総農家の 3.2 %）の農家しか上昇傾向を

表3.3 庄原市農業の概況（単位：人・戸・頭・ha）

		1960年	1980年	1995年
総人口		30,663	22,874	22,377
農家人口		21,776	13,229	10,357
（14歳以下）		6,395	2,262	1,443
（15～64歳）		13,190	8,285	5,929
（65歳以上）		2,183	2,682	2,985
農家戸数		4,127	3,335	2,631
専業農家		1,484	387	454
第1種兼業農家		1,650	443	215
第2種兼業農家		993	2,505	1,962
自営兼業農家		847	229	191
雇用兼業農家		1,796	2,719	1,986
経営耕地計		3,134	2,606	2,338
田		2,636	2,280	2,054
畑		466	217	271
樹園地		31	14	12
収穫面積計		4,285	2,291	1,846
稲作面積		2,503	1,859	1,521
保有山林	農家	3,322	3,003	1,928
	面積	7,626	7,754	6,024
乳牛	農家	186	65	47
	頭数	348	1,200	1,627
役肉用牛	農家	2,751	825	232
	頭数	4,527	2,129	1,338
豚	農家	67	44	7
	頭数	138	2,754	1,941
鶏	農家	2,895	119	33
	羽数	24,924	108,430	23,100
1戸当たり				
農家人口		5.3	40	3.9
経営耕地		0.76	0.78	0.89
保有山林		2.3	2.6	3.1
乳牛		1.9	18.5	34.6
役肉用牛		1.6	2.6	5.8
豚		2.1	62.6	277.3
鶏		8.6	911.2	700.0

資料：農林業センサスの数字により作成

見せていないのである．大部分は経営を縮小するか脱農（1496戸，1960年総農家の36.2％）しているのである．なお耕作面積を増加させた132戸の耕地の集中率を推定してみると全耕地の20.3％となっている．

また，結果の到達点を，農業センサスに示された1995年の農産物販売金額で見ると，5000万円以上の販売農家2戸，3000～5000万円16戸，2000～3000万円13戸，1000～2000万円16戸，小計47戸，500～1000万円35戸を加えても82戸（販売農家2239戸の3.7％）でしかない．販売金額200万円未満の農家2023戸は総農家の90.4％である．経営の上昇傾向は僅かであり，大部分は落層化しているといえる．

すなわち，このような農業収入では，農業だけ

3.2 広島県備北地域（中山間農業地域）農業・農家再編過程の概要

表 3.4 経営耕地規模別農家数・耕地面積（庄原市）（単位：戸・a・%）

	農家数			耕地面積（推定）		
	1960	1980	1995	1960	1980	1995
30a 未満	611	593	392	9,165	8,895	5,880
30〜50	658	531	428	26,320	21,240	17,120
50〜100	1,698	1,248	999	127,350	93,600	74,925
100〜150	951	666	523	118,875	83,250	65,375
150〜200	173	215	154	30,275	37,625	26,950
200〜300	26	63	82	6,500	15,750	20,500
300〜500	−	14	32	−	5,600	12,800
500a 以上	−	2	18	−	−	15,025
例外規定	10	3	3	−	−	−
計	4,127	3,335	2,631	318,485	265,960	238,575
30a 未満	14.8	17.8	14.9	2.9	3.3	2.5
30〜50	15.9	15.9	16.3	8.3	8.0	7.2
50〜100	41.1	37.4	38.0	40.0	35.2	31.4
100〜150	23.0	20.0	19.9	37.3	31.3	27.4
150〜200	4.2	6.4	5.9	9.5	14.1	11.3
200〜300	0.6	1.9	3.1	2.0	5.9	8.6
300〜500	−	0.4	1.2	−	2.1	5.4
500a 以上	−	0.1	0.7	−	−	6.3
例外規定	0.2	0.1	0.1	−	−	−
計	100.0	100.0	100.0	100.0	100.0	100.0

資料：農林業センサスの数字により作成．
(注) 耕地面積は各階層の平均面積に戸数を乗じて算出した．

で生活を成り立たせるのは困難となり，大部分の農家は農外兼業に従事することとなった．専業農家は，1960 年 1484 戸（総農家戸数の 36.0 %）であったのが，1980 年 387 戸（同 11.6 %），1995 年 457 戸（同 17.3 %）となっている．この減少は兼業化が進んだためであるが，1980 年以降の専業農家の増加は老人専業農家が増加したためであろう．

兼業化の深化により，兼業農家総数は最初は増加したが，近年は兼業農家の絶対数は減少している．兼業農家の中からさらに脱農するものが増加したためである．この兼業化深化の様相は，第 1 種兼業農家の減少，自営兼業農家の減少などからもうかがえるが，第 2 種兼業農家，雇用兼業農家の増加は

脱農傾向が強いため1980年以降は戸数の増加としては見られない．しかし，自営・雇用兼業状況の変化から見ると，1960〜80年代に自営兼業農家が急減し，かわって雇用兼業農家が急増している．高度成長期に農外兼業条件が変化したことがうかがえる．

　要するに，庄原市においては，1960年代以降急速な人口減少が進み過疎化現象が現れたのであるが，それは主として農家とその人口の変化によりもたらされたのであった．その基盤には農業の全体的な空洞化がある．一部には農業発展の事実が見られるとはいえ，全体的には農業の粗放化，農業の担い手の弱体化が見られる．農家の落層化傾向が強いといえる．

（2）比和町（山間農業地域）の場合

1）過疎化の進行と対策の概要

　比和町は，中国山地の中腹に立地している山間農業地域の農村である．すなわち，比和町の面積 132.24 km^2 のうち 90.3 % は山林で，耕地は 4.4 % しかない．町のほぼ中心にある役場から比和町の南に接している庄原市までは 20 km ある．明治22年に比和村が組織され，昭和8年町制を施行したが，昭和28年に地理的条件から合併不能町村とされ，現在に至っている．

　比和町の人口は，1960年の4839人が1995年には2246人（1960年の46.4 %）へと急激に減少している．その人口減少の中心は農家人口の減少であったが，庄原市と比べると都市的色彩がなく，非農家人口も1012人から540人へと減少している．ただし，就業人口統計から見ると第2・3次産業就業者（その中心は雇用者）は増加している．これは農家人口のうちの農外兼業者が増加したためであろう．就業者の従業地は，やはり自町内が多いが，他市町村での就業者は庄原市の 15.9 % と比べると 23.9 % と少し多い．自町内での就業の場が狭いからであろう．

　このような過疎化を示す人口変動をもたらした状況と対策の概略については，次のとおり記されている．

　「これまでの対策と課題，今後の見通し

　これまでの過疎地域活性化計画では，交通・通信体系の整備と産業の振興の2点を柱に施策を講じてきた．

3.2 広島県備北地域（中山間農業地域）農業・農家再編過程の概要

その結果，幹線道路を始め，町道・農林道の改良・舗装が行われ，農業の基盤整備や近代化施設が整い，社会資本の整備はかなり整ってきた．

しかしながら，農業などの基幹産業は生産性が低く，若者の農業従事者はごく少数であり，若者定住のための職場確保として，昭和51年に企業誘致をしたものの，思うように従業員が集まらず，それ以後，企業誘致は行われていない．

高校や大学を卒業するとほとんどの若者は都会に就職し，少子化とあいまって，若齢人口や生産人口が減少し，高齢人口が増加する典型的な高齢化社会となっている．この傾向は今後も継続すると思われ，医療や福祉の施策を充実するとともに，高齢者を中心に地域を維持し産業を発展させていくためには，道路や農業施設などのより一層の近代化と充実が必要である．

また，若者の定住化を進め，現在の人口減や高齢化に歯止めをかけるためには，基幹道路や町道などをさらに改良を進め，主な就労の場となる庄原市や三次市への時間距離を縮めるとともに，生活の場を魅力的なものとするため，トイレの水洗化等生活施設の充実や教育・文化の向上を目指すなど，大きな行政課題である．

さらに，本町の豊かな自然を生かした観光開発も進んでいるが，来て見るだけでなく，来て係わる観光のあり方が大切であり，自然を大切にし，もっと活用できる新たな開発を進める必要がある」（『後期過疎地域活性化計画』広島県比和町，平成6年12月，2ページ）．

2）農業・農家の推移

以下，庄原市と比較しながら，比和町農業の概況を検討する（表3.5参照）．農家人口は1960年の3827人が，1995年には1706人（1960年の44.6％）へと減少している．この減少を年齢別に見ると，とくに14歳以下の若年者の減少が激しく，次いで15〜64歳の生産年齢人口も顕著に減少しているのに対し，65歳以上の老齢人口は1960年359人が，1995年528人へと増加している．このような人口の老齢化の進行率は，庄原市36.7％に対し比和町の方が47.1％とやや進んでいる．

人口減少とともに，農家戸数，耕地，保有山林面積ともに減少している．

第3章　中山間地域における農業・農家の再編過程

表3.5　比和町概況（単位：人・戸・ha・頭）

		1960年	1980年	1995年
総人口		4,839	2,480	2,246
農家人口		3,827	2,043	1,706
（14歳以下）		1,214	314	315
（15〜64歳）		2,254	1,320	863
（65歳以上）		359	409	528
農家戸数		682	516	420
専業農家		90	58	67
第1種兼業農家		438	169	36
第2種兼業農家		154	289	317
自営兼業農家		424	47	31
雇用兼業農家		168	411	322
経営耕地計		587	583	485
田		523	515	448
畑		61	61	31
樹園地		5	7	6
収穫面積計		646	500	394
稲作面積		507	386	346
保有山林	農家	626	496	408
	面積	3,554	4,070	2,883
	（人工林）	505	1,375	980
役肉用牛	農家	568	318	132
	頭数	1,302	1,378	682
豚	農家	1	16	1
	頭数	2	2,113	648
鶏	農家	503	4	0
	羽数	2,322	14	0
1戸当たり				
農家人口		5.6	4.0	4.1
経営耕地		0.86	1.13	1.15
保有山林		5.68	8.21	7.07
役肉用牛		2.3	4.3	5.2
豚		2.0	132.1	648.0
鶏		4.6	3.5	0

資料：農林業センサスの数字により作成．

耕地面積は，1960年587 haが1995年485 haへと102ha（1960年の17.4％）減少している．ただし残った農家1戸当たりの耕地面積，保有山林面積はやや増加し，庄原市農家より比和町農家の方が面積は少し大きくなっている．

しかし，この基盤の上で行われた農耕の状況を見ると，収穫面積は，1960年646 haが1995年394 haへと252ha（1960年の39.0％）減少している．収穫面積を耕地面積で割った作付け率は，1960年の110.0％が1995年には81.3％に低下している．それは庄原市よりやや低い減少傾向である．しかし，このように減少した収穫面積のうちで稲作面積も減少しているが，収穫面積のなかの稲作面積率は1960年の78.5％から1995年には87.8％と上昇している．稲単作化傾向はより強まっている．比和町農業の耕種部門は全体として縮小しているが，そのなかで比重が高かった稲作は，より稲単作化を強めているのである．

3.2 広島県備北地域（中山間農業地域）農業・農家再編過程の概要 　　（ 63 ）

表 3.6　比和町の経営耕地規模別農家数・耕地面積（単位：戸・10a・%）

耕地規模別	農家数			耕地面積（推定）		
	1960	1980	1995	1960	1980	1995
30a 未満	86	37	25	1,290	555	375
30～50	86	42	37	3,440	1,680	1,480
50～100	245	151	136	18,375	11,325	10,200
100～150	201	159	122	25,125	19,875	15,250
150～200	59	76	61	10,325	13,300	10,675
200～300	5	45	27	1,250	11,250	6,750
300～500	0	6	9	0	2,400	3,600
500 以上	0	0	3	0	0	1,500
合計	682	516	420	59,805	60,385	49,830
30a 未満	12.6	7.2	6.0	2.2	0.9	0.8
30～50	12.6	8.1	8.8	5.8	2.8	3.0
50～100	35.9	29.3	32.4	30.7	18.8	20.5
100～150	29.5	30.8	29.0	42.0	32.9	30.6
150～200	8.7	14.7	14.5	17.3	22.0	21.4
200～300	0.7	8.7	6.4	2.1	18.6	13.5
300～500	0.0	1.2	2.1	0.0	4.0	7.2
500 以上	0.0	0.0	0.7	0.0	0.0	3.0
合計	100.0	100.0	100.0	100.0	100.0	100.0

資料：農林業センサスの数字による．
（注）耕地面積は各階層の平均面積に戸数を乗じて算出した．

　畜産部門を見ると，比和町では役肉用牛飼養が中心であったことがうかがえるが，その飼育農家・頭数ともにおおきく減少している．しかし，その程度は庄原よりは弱い．役肉用牛の飼育を継続している農家があることをうかがわせるが，1戸当たり平均飼育頭数は庄原市農家より小さい．ところが比和町では乳牛飼養は見られない．また豚も一時導入されたが1995年には飼養農家1戸となっている．養鶏農家も0になっている．総じて，比和町農業は役肉用牛飼養は小規模な経営も減少しつつ存続しているが，大部分は稲単作化へ向かい，農業基盤は縮小する傾向が強いのである．
　このような動向の総合された全体的傾向を見るため，比和町の耕作規模別戸数の変化状況を，表3.6によって見ると，1960年には見られなかった3ha

以上層農家が12戸形成されている．1.5～3 ha層農家は一時増加しているが，その後は減少傾向にある．1.5 ha未満層は戸数を減少させている．上層農家は増加し，中層は一時増加したが，近年は減少傾向に転じ，下層は急速に減少し，さらに脱農化した農家は262戸（1960年総農家の38.4％）となっている．傾向としては庄原市と同様とみられるが，近年，層として増加しているのは3 ha以上層農家だけで，戸数も12戸（1960年総農家の1.8％）でしかない．大部分の農家は経営規模を縮小するか，脱農していく傾向にあると見られる．なお，耕作面積を増加させた3 ha以上の農家の耕地の集中率推定すると10.2％である．比和町農家の方が落層傾向を示す農家が多く，上昇傾向は弱いといえる．

また，1995年の農産物販売金額規模別農家数を農業センサスの数字によって見ると，3000～5000万円が1戸，1000～1500万円が1戸で，1000万円以上の農産物販売額を持つ農家は2戸（総農家の0.2％）のみ，さらに500～1000万円層の8戸を加えても，計10戸（総農家420戸の2.4％）でしかない．販売金額200万円未満の農家は338戸（80.5％）である．山間部であるため商業的農業の展開がより困難なのであろう．

そこで農外兼業に向かうのであるが，比和町の農家兼業の特徴として1960年当時の自営兼業農家の分厚い存在が目立つ．後述の薪炭生産の存在と関わっているのであるが，それが高度成長期に急減し，雇用兼業にかわっていくのである．庄原市でも同様な傾向が見られたが，比和町ではより徹底した変化を示したのである[v]．

（3）まとめ―中山間農業地域過疎化の状況―

広島県備北地域の中間農業地域とされる庄原市と山間農業地域とされる比和町の人口と産業の変化を見てきたが，要するにそこでは生活の基礎条件であった旧来の農林業（製炭，役肉用牛の子牛生産，稲作など）が後退し，農家の所得が減少したため，農家は新たに収入の確保を求めることを要請され

---

[v] 比和町農家の経営と生活についての具体的な様相については，拙稿「中山間地域における産業の衰退と再編―広島県比和町の場合―」『広島県立大学紀要』第12巻第1号，2000年8月，143～156頁参照．

3.2 広島県備北地域（中山間農業地域）農業・農家再編過程の概要

た．そこで，一部の人々は地元での農外兼業（主として雇用兼業）に従事することとなったが，しかし，地元で生活のための必要とする所得を確保できない人，とくに若年労働力は地域外に流出し，地域は老齢社会となってきたことが確認できた．一言で言うと，上向傾向もあるが，しかし地域全体としては全般的落層傾向とでもいえる，下降傾向が強い農民層分解が進み，農林業の基盤が縮小しつつあった．

ただし，大きな流れとしては中山間地域は共通の方向へ進んでいるが，さらに具体的に見ると，そのなかに地域差が読み取れる．すなわち，農家人口・戸数の減少は比和町の方が大きいことから見ても，生活条件は山間の方がきびしいと言えるだろう．ところが，耕地・収穫面積・役肉用牛の減少から見ると庄原市の方が大きくなっている．すなわち旧来の農業生産の衰退は中間地域の方が激しかったとも言える．このような結果は，現在までの経過の中で，山間農業地域で生活する農家は新しい商品生産を発展させることが困難であり，より旧来の農業生産を維持せざるを得ないことから来ているのかもしれない．なお，新しい畜産（酪農・養鶏・養豚など）などの発展の可能性は，中間農業地域にまだ存在していると言える．

さらに地域の発展にとって農外産業の発展が大きく関わっているのであり，いずれの地域でも工場誘致が試みられているが，山間地域ではほとんど実現していない．中間農業地域で都市的色彩がある庄原市では工業団地の基盤を造成し，一定の工場誘致を行ってきたが，近年ではほとんど成功していない．唯一可能性があり，いくつかの事業が成功しているのは地理的条件を生かした観光開発であった．

以上，中山間過疎地域の人口と産業の基本的動向を確認してきた．以下，このような推移をもたらした条件すなわち原因についてより具体的に検討する．

3.3 農業・農家の再編をもたらした条件

(1) 製炭業の衰退

当地域において過疎化の最初の引き金となったのは薪炭製造業の衰退であった．第2次世界大戦後の家庭燃料の中心は木炭であったが，経済が高度成長を始めるとともにプロパンガスが山村においても使用され始めた．また，ガス，石油，電気が一般家庭に普及するとともに，木炭の需要の減退が始まった．そのことが薪炭製造業に打撃を与えた．庄原市および比和町における薪炭生産の衰退状況は，表3.7のとおりである．

(2) 役肉用牛飼養の後退

当地における畜産の中心は，和牛の子牛生産であった．飼育頭数の推移については，すでに見たとおりであるが，1960年当時は，表3.8に示したとお

表3.7 製炭業の状況

	庄原市			比和町		
	炭窯数	木炭生産者	木炭生産量	炭窯数	木炭生産者	木炭生産量
1950	262	270	165,000	735	770	235,000
1955	235	240	150,000	735	770	230,000
1960	200	200	77,000	750	800	130,000
1965	48	48	27,500	161	161	64,600
1969	31	31	12,700	62	62	13,533

資料:『比婆の木炭史』比婆郡炭友会連合会，1972年による．
(注) 生産量の単位は俵＝15kg

表3.8 耕地以外の農用地 (1960年)　　(単位:10a)

	庄原市		比和町	
	戸数(集落数)	面積	戸数(集落数)	面積
永年放牧地	53	61	5	8
採草地	743	2,246	572	7,147
放牧地	18	44	2	12
採草する山林	2,389	17,951	133	2,633
放牧する山林	145	3,831	—	—
共同採草地	(2)	100	(1)	5
共同放牧地	(17)	8,440	(21)	24,641

資料:農林業センサスによる

3.3 農業・農家の再編をもたらした条件　（ 67 ）

りの耕地以外の農用地から生産された草などを使用して，役肉用牛が飼養されていた．庄原市と比和町は山林の様相が異なり，庄原市で共同放牧地があるのは，比和町に隣接している旧山内北村地区であり，その他の旧6町村は多くの農家が山林から採草して使用していたが，共同放牧はなかった．比和町では採草地や山林から採草していたが，特に広い共同放牧地が利用されていた．

ところが，農業機械の導入により牛の役利用が不要となり，肉用のための牛飼養に重点が移り，そのために牛体を大きくし商品価値を高めることを求め，購入飼料を増投することとなり，林野利用が少なくなった．さらに安い牛肉の輸入により，牛の価格が下落したことなどにより，近年は牛の飼養頭数が減少してきたため，米の生産調整により生じた転作田を利用した牧草や需要が減少してきた稲わらなどを利用するだけで飼養が可能となり，林野の利用が減少した．ついには地域のわらの利用も十分に行われなくなり，米を収穫した跡のわらや畔の草は刈り取ったまま燃やしてしまう場合が多くなった．以前は，役肉用牛のきゅう肥が重要な稲作のための肥料であったが，その使用もほとんどなくなった．

なお肉用牛の飼養で，肥育経営が一部で行なわれるようになり，1995年庄原市では肥育中の肉用牛を飼育している農家は18戸，229頭を飼養していた．うち10～29頭飼養農家4戸，30～49頭飼養農家4戸であり，肥育経営では飼養頭数が多頭化している様子がうかがえる．ただし比和町では肥育中の牛は7戸の農家が10頭飼育しているだけであった．

（3）稲作の後退と発展

稲作は，当地域の農業生産の中心的作目であったが，水田面積の減少以上にその作付け面積は減少し，1960年と比べると1995年の稲作付け面積は庄原市で60.8％，比和町で68.2％にまで落ち込んでいる．稲作は全体としてみると後退しているといえる．これは，農業労働力・農家の減少傾向が強く，その放棄した耕地が他の経営の強化に向かえず，放棄されてしまうことや，米の生産調整によりもたらされたのであろう．しかし，全体としては縮小傾向にあるとはいえ，その内部を見ると，稲作は大きく発展しつつある．

まず，技術的発達について若干の指標を見ると，1960年に区画整理が行われていたのは，庄原市で209 ha（総耕地の6.7％），比和町では0であった．1960年の農業機械は，庄原市では動力耕耘機（個人有・共有計）529台（農家1戸当たり0.13台），農用トラクター0台，動力機械による耕耘面積1287 ha（総耕地の41.1％），比和町では動力耕耘機103台（農家1戸当たり0.15台），動力機械による耕耘面積235 ha（総耕地の40.0％）であった．

しかしその後，農業の機械化が進むにつれ，基盤整備は急速におこなわれることとなった．庄原市においては，1975年から「全市土地基盤整備事業」構想によって，市内全域の水田の圃場整備事業の推進を図り，水田2054 haの内1929 ha（整備率95％）の区画整備が完了した．比和町では，1973年に圃場整備事業を始めたが，一時中断し，1978年から集中的に実施され，圃場整備田は350 ha（整備率83％）となっている．

圃場整備とともに農業機械の導入も急速に進んだ．1995年の農業用機械所有（個人有＋共有）台数は，農家1戸当たり，庄原市の場合は，動力耕耘機・農用トラクター1.25台，動力防除機0.84台，動力田植機0.59台，自脱型コンバイン0.43台，米麦用乾燥機0.37台，比和町の場合は，農家1戸当たり，動力耕耘機・農用トラクター1.17台，動力防除機0.86台，動力田植機0.70台，自脱型コンバイン0.55台，米麦用乾燥機0.75台と，過剰投資というべき状況になっている．

このような指標の推移からもうかがえる，基盤整備の上に進んだ機械化・化学化により，農業経営は規模拡大の条件を得た．それにより規模拡大を実現した農家も出現した．例えば，庄原市のY家の場合は，現在，水田17.5 haを経営し，その他に受託作業などを行う当地域の上層農家である．すなわち，家族は，経営主夫妻，長男夫妻，父，孫3人の8人家族であるが，経営の労働力は経営主（60歳）と長男（36歳）の2人と雇用労働力（年間延べ50日）である．経営水田17.5 haのうち自作地は3.5 haで，14 haは30戸の農家から庄原市の標準借地料（上田14000円～下田5000円）を支払って借地している．稲作中心であるが，一部は転作（玉ねぎ，飼料など）している．その他，庄原農協機械化銀行に加入し，兼業農家から受託作業を行なっている．

3.3 農業・農家の再編をもたらした条件

すなわち，水稲育苗（60戸分，約4000箱），コンバイン刈取り（35戸分，10 ha），乾燥調整（55戸分，15 ha）を行なっている．このような経営のための施設装備は，作業場（130坪）3棟，育苗プラント（1000箱）1台，トラクター（50，42馬力）2台，田植機（6条植え）1台，コンバイン（3，3，4条刈）3台，多目的ハウス（40坪）5棟，乾燥機（17，23，27，33石張）4基，トラック（3.5 t 軽四）2台，籾摺り機一式（5インチ）1台，畜舎（60坪）1棟，中成苗田植機一式その他である．当面の経営の課題は米価の下落傾向に対し，生産費を減少させるため償却費を減らすよう機械の保守点検を自分で行ない，機械の使用年数をできるだけ長くし，償却費は10％以下となるようにすることや雇用労働力の利用を削減することに努めている．しかし，経費率はどうしても60％以上になる．さらに，米をできるだけ高価に販売できるよう消費者に直販を行なっている．（ただし農協との関係も維持するため，生産の50％は農協に販売する）．なお，庄原市では，大規模農家の転作面積の上限を1.5 ha にしたので，お世話になっていると感じているとのことであった．

このような上層経営では，農業収入のみで家計が維持できるが，当地域の平均的稲作経営の収入を推定するため，庄原市農業委員会の作成した標準小作料算定計算書（1999～2001年適用）の中田の数値を利用し米の10 a 当たり目安を計算すると，収量520 kg，kg 当たり価格230円であり，粗収入は119600円，その他副産物収入4000円，粗収益計123600円となる．そこから物材費60942円（種苗費3352円，肥料費11677円，農業薬剤費9092円，光熱動力費3418円，諸材料費2870円，農具償却・修繕費25066円，建物・土地改良設備費2721円，土地改良・水利費2746円）を差し引くと，労賃・利潤などに相当する手取り分として10 a 当たり62658円と算定できる．庄原市の1995年の平均水田経営面積は64 a であったから，水稲作農家がその水田の64.5％に稲を作付けするとして，当面の稲作の手取りは62658円×(6.4×0.645)＝258652円となる．家計の補助としても僅かな金額でしかない．

そのため農家は稲作の規模拡大を図るか，他作物ないし畜産などを導入し

て農業規模の拡大を図るか，農業経営を他に委託する，または放棄して，他産業に従事し，農外に収入を求めざるを得ないのである．

　規模拡大を実現するためには，経営の基盤である耕地の利用を拡大しなければならない．耕地の購入が困難な現在，例えば上記の農家のように，経営耕地の拡大は借入れによって行われている．耕地の借入れ状況を農業センサスによってみると，1995年には，庄原市の470戸の農家（総農家の17.9％）が305 haの耕地（総耕地の13.0％）を借入れている．他方，263戸の農家（総農家の10.0％）が95 haの耕地（総耕地の4.1％）を貸出している．1995年，比和町では，耕地の借入れは83戸の農家（総農家の19.8％）が52 ha（総耕地の10.7％）を借入れ，他方，18戸の農家（総農家の4.3％）が6 haの耕地（総耕地の1.2％）を貸出している．

　さらに，規模拡大に関わる動向として，農作業の受託がある．1995年よその農作業を請負った農家は，庄原市では511戸（総農家の19.4％）あった．また，水稲作をよそに請負わせた農家は1768戸（水稲作農家の70.7％）であった．ただし，育苗と乾燥調製は農協に請負わせる場合が多かった．同じく比和町では，よその農作業を請負った農家は42戸（総農家の10.0％），また水稲作を請負わせた農家は193戸（水稲作付け農家の46.6％）であった．農作業の受委託に依存する農家は，庄原市の方が多くなっている．

　しかし規模拡大は簡単ではない．比和町は山村であり，面積132.24 km^{2}のうち90.3％を山林が占め，耕地面積は4.4％しかない．その耕地が山間の谷間に散在しているのであるから，相当条件のよいところでは基盤整備し，1枚当たりの面積も広くできるが，谷間の奥にはいると，基盤整備しても1枚当たりの面積を大きくするのに制約があり，また近くに耕地を集中することも困難で，機械が利用できるように農道は整備しても，能率の向上には限界がある．さらに，谷間の傾斜地を利用していることから，水田の畦畔が高く，その法面の面積は相対的に大きく，極端な場合は法面の面積が田の面積より大きいこともある．法面に生える畦畔草の刈り取りには労力がかかり，和牛飼育の減少により，畦畔草需要がなくなったため，刈り取った草はそのまま放置され乾燥してから火をつけて燃やしてしまう．平地農村と比べて，耕地

片が小面積で分散しているだけでなく，作業上も余分の手間がかかるなど，条件不利なのである．このような事情から，比和町の農家の現状では 5 ha 以上耕作することはできないと指導的農家も述べているのが実状である．庄原市においても，山間部の農家の場合は同様な状況にあるといえる．

以上要するに，中山間農業地域の稲作は，新しい技術的向上により規模拡大などの発展方向を追求しているが，近年の内外情勢の下での価格水準の低下傾向のなかで，収益の増加も期待できず，さらに中山間農業地域であるという地理的条件の不利から，とくに山間地域ではその発展に限界をみせているのである．

(4) 酪農などの発達

庄原市における乳牛飼養頭数の増加については，すでに見たとおりであるが，1995 年の 2 歳以上の乳用牛飼養規模別戸数を見ると，1〜9 頭 1 戸，10〜19 頭 9 戸，20〜29 頭 7 戸，30〜49 頭 13 戸，50〜99 頭 5 戸，計 45 戸となっている．大規模飼養農家が形成されている．

ただし，これらの酪農家の経営は，当地域で行なわれてきた和牛の子牛生産とは異なった技術体系を基礎に形成されている．例えば，一木集落の酪農家は，経営を展開するにあたって山を開墾して草地を造成し，現在は，それらの草地や転作田より生産される牧草，さらには輸入された購入飼料に大きく依存し，さらに高度な飼育・搾乳技術を導入している．旧来利用していた山野草は利用されていない．

なお，酪農のほかにも，当地域では新しい商業的農業経営を展開させている事例，例えば養豚，養鶏，野菜作，花き栽培なども点在している．これらの経営は，いずれも新しい技術体系を基礎に企業的経営として展開しようとしているのである．

(5) 営農集団組合

稲作の維持や酪農を始めとする商業的農業経営の発達にとって，営農集団組合の形成は大きな役割を果たしている．庄原市の営農集団組合は，1998 年 10 月現在，40 組合，その構成員 1281 農家（1 組合当たり平均 32 戸，最大 67 戸〜最小 5 戸，庄原市総農家 2631 戸の 48.7 ％），その利用する土地 1054

ha（1組合当たり平均26.4 ha，最小4 ha～最大55 ha，庄原市の耕地2054 haの51.3％），範囲はセンサスの集落数から見ると1集落のなかで構成されているものも26組合と多いが，5集落にわたって構成されているものもある．営農集団組合のある集落は合計71（庄原市総集落194の36.6％）であった．

これらの営農集団組合のうち一木営農集団組合や高地区営農集団連絡協議会などが代表的な存在となっている．ここでは後者について簡単に見ておくこととする．

庄原市高地区では1978年4集落で地域営農集団が結成されたが，現在は9地域営農集団が組織され，また5戸の酪農家により小用酪農協業組合が組織されている．これらの集団により1994年高地区営農集団連絡協議会が設立され，1997年高堆肥センターが作られた．なお1997年高地区の農用地面積は296 ha（水田238 ha，普通畑31 ha，樹園地1 ha，その他26 ha），作付け延面積234 ha（水稲174 ha，飼料50 ha，野菜10 ha）であった．

集団の構成農家は253戸，営農集団所有トラクター17台，コンバイン11台，田植機12台で，農業機械の共同利用，転作のブロックローテーション，オペレーターの出役体制の整備により，コストの低下を実現している．1997年の作業受託面積は水稲85 ha，飼料26 haであった．営農集団内の土地利用調整により，営農集団が基幹作業を請負うことにより，耕作放棄地に歯止めをかけている．

高堆肥センターは，事業費9359万円で建設されたが，4634 m^2 の敷地に堆肥舎，原材料集積施設，ショベルローダー1台，原料運搬車1台，堆肥散布装置1台，ヘーベラー1台を設置している．

高堆肥センター利用組合は，酪農協業組合と5営農集団により作られているが，堆肥センター作業部は，農家からもみ殻と稲わらを収集・運搬し，酪農家（1997年飼育頭数235頭）から運搬されてきた牛糞を混合し，堆肥を生産し，生産された堆肥を運搬・散布している．

なお，営農集団と酪農協業組合の連携により，計画的に転作田へ飼料作付けを行い，堆肥センター作業部は各営農集団からオペレーターを出し合い登録制にして運営しており，営農集団間の垣根が低くなってきている．

3.3 農業・農家の再編をもたらした条件　（73）

　以上のように，営農集団は，機械の共同利用などにより参加農家の費用の節減に役立つほか，転作や，さらにはその他の生産，生活の向上に対し積極的な機能を果たしている場合が多い．ただし，すべての集団がそうであるわけでない．

　たとえば，比和町では，26営農集団が作られているが，機械の共同利用を行っているのはそのうち6集団だけで，その他は転作の相談を行うくらいであるといわれている．

　高地区の営農集団と農業経営が当地域のモデルと目される活動を継続している理由については，川沿いで比較的平坦な農地が多く，酪農家が存在し，庄原市にも近く青空市場も成功させているなど，農業経営と生産者の存続と努力があるからだろう．努力しているということを示す指標は，単位当たりの助成も最高水準（例えば生産調整関連の助成金・水田高度利用加算など）を受けることができるということが示しているということであった．営農集団が積極的な展開を図っている場合は，構成農家の中にたとえば酪農家などの商業的経営の担い手があり，その経営が地域の他の経営との連携を作ることを必要としているということも一つの条件となっているようである．

　要するに，営農集団は個別経営によって構成され，個別経営の発展に対して重要な役割を果たしているが，構成員である個別経営の後退などにより営農集団自体の機能が駄目になることもある．営農集団の機能にも限界があり，営農集団がその目的を達成するためには，構成農家の経営の存続ないし発達が前提となっているのである．

（6）農家兼業化の深化

　農家が農外兼業に従事せざるをえない事情についてはすでにふれたが，以下，農外兼業の状況変化について見ておくこととする（表3.9参照）．

　当地域は山林が多く，薪炭生産が行なわれていたのが特徴であった．薪炭生産は，専業の焼き子もいたが，農家の兼業としても行われていた．薪炭生産を兼業とする農家は，とくに比和町に多く，315戸（総農家の46.2%）を数えていた．直接薪炭生産に従事していなくても，何らかの形で薪炭に関わっていたものはいたであろう．しかし，前述のとおり，薪炭生産が衰退して，

表 3.9 専兼業種類別農家数　（単位：戸）

	庄原市	比和町
総農家	4,127	682
専業農家計	1,484	90
兼業農家計	2,643	592
やとわれ兼業		
事務職員	801	50
賃労働者	471	27
役職	32	3
季節出稼	16	-
人夫・日雇	476	88
自営兼業		
製炭・製薪	166	315
育林など	48	23
漁業など	1	-
医院など	51	9
職人的商売	236	22
運輸業　家族で	114	14
など　人を雇用	34	5
商店など	106	24
内職など	91	12

資料：農林業センサス（1960年）による．

このような兼業条件は変化した．

庄原市では，薪炭生産以外の自営兼業農家も，激減している．また，人夫・日雇兼業農家も激減している．比和町でも，同様の変化が見られる．かわって，恒常的勤務に従事する農家が激増している．庄原市では，1995年，恒常的勤務兼業農家は1901戸（総農家の72.3％，兼業農家の中では95.7％を占める）となっている．比和町では，同じく293戸（同69.8％，同83.0％）となっている．当地域では，兼業農家率の変化以上に兼業内容の変化が画期であったといえる．

なお，兼業従事者の従業地を見ると（前掲表3.2），自分の住んでいる地元市町村で就業する者が多いが，比和町についてさらに男女年齢別にみると，他市区町村での従業者男216人のうち，50歳未満階層での就業者はいずれも他市町村での就業者が自町内の就業者より人数が多くなっている．しかし，同女82人については，30歳未満層で他市町村就業者が自町内就業者を上回っているだけである．とはいえ，若年になるほど就業先が町外となっているといえる．このことは，統計上は比和町の農家の大部分は兼業農家として，人口も比和町の人口として計上されているが，事実上はその中堅的労働力は町外で就業する傾向が強まっている．すなわち，見かけ以上に比和町産業と労働力の空洞化が進みつつあるといわなければならない．これは，庄原市周辺の山間部についてもいえることであろう．

なお，当地域の若年労働力は，地元就業より他地域で就業する傾向が強い

が，それは地元での就業機会が少ないということだけでなく，地元での労働条件にも問題がある．例えば，1998年の広島市の製造業（従業者4人以上）における平均1人当たり現金給与総額は475万円であったのに対し，庄原市のそれは351万円，同じく比婆郡のそれは331万円であった（『広島県の工業』1998年，広島県地域振興部統計課により計算）．そこで，労働力は，中山間地域における労働条件よりもさらによい労働条件を示す大都市へ就業先を求めるのである．

（7）開発の推進

農家の兼業条件が変わるということは，第2次・第3次産業のあり方が変わったということである．庄原市・比和町においてどのような変化があったのかを一瞥しておく．

1）庄原市における

庄原市の第2次産業従事者の増加傾向は，すでに見たところであるが，事業所数・従業者数ともに1990年頃まではやや増加傾向にあったが，1992年頃からやや減少傾向に転じ，1996年には302事業所で，従業者3813人となっている．その内製造業についてみると，1995年には，事業所93，従業者2262人，1人当たり現金給与総額320万円，その内従業者30人以上の事業所21（従業者1451人）の1人当たり現金給与総額は347万円，従業者4〜29人の事業所72（従業者811人）のそれは274万円であった．

それに関わって庄原市がとくに推進したことは，工業団地建設による企業誘致であった．すなわち庄原地区工業団地（団地面積15.9 ha）を1988年に完成，7企業（従業員1企業平均27人）を立地させ，庄原工業団地（造成面積14.0 haを1993年に完成し，3企業（1企業平均従業者15.7人）を立地させている．しかしさらに企業誘致には努力しているが，なかなか企業誘致は進んでいない．

庄原市の第3次産業は，近年事業所数は僅かに減少気味ではあるが，従業者は増加してきており，1996年には1185事業所，従業者7054人（1事業所当たり6.0人）となっている．そのうちサービス業事業所471，従業者3161人（1事業所当たり6.7人），卸売・小売業，飲食店事業所583，従業者2626

人（1事業所当たり4.5人）となっている．商業については，近年大型店舗が形成され，旧商店街は低落傾向を見せつつある．この傾向に対処することが急がれているが，庄原市はとくに広島県立大学，国営備北丘陵公園，温泉資源を生かした個性を感じる地域作りを柱とし，観光面での発展を追求している．

広島県立大学は，22 haの用地の上に，110人の教職員により，2学部4学科（入学定員1学年200人），大学院修士課程（入学定員計20人），同博士課程（同10人）を置いている．

国営備北丘陵公園は，全体面積350 haであるが，1995年に一部開園（80 ha）し，1999年にオートキャンプ場（50 ha）がオープンした．庄原市としては，グリーンウインズ・さとやま（第3セクター）を1994年に設立し，物販・飲食提供・イベントなどの経済活動を行なうほか，周辺整備対策を行なっている．

温泉資源開発としては，1991年に湯度39.4℃の温泉の掘削に成功し，現在簡易保険福祉事業団により2001年オープン予定の簡易保険総合レクリエーションセンターが建設中である．

その他，上野総合公園の整備が進めば，観光入り込み客の増加が予測されるので，地元の農産物や加工品などの特産品の販売，ミルク工房，パン工房，レストラン，交流ホールなどで構成する農業支援施設を2002年オープン予定で準備しつつある．

2）比和町における

比和町における第2次，第3次産業の展開は困難な状況にあるとはいえ，過疎化を食い止めるための事業が進められている．とくに目立つのは観光開発である．若者定住のための職場確保として，企業誘致は昭和51年に行なわれたが，思うように従業員が集まらず，それ以後，企業誘致は行なわれていない．観光開発を軸とした開発の状況を見ておくと次のとおりである．

（i）**国民休暇村吾妻山**　比和町北部に位置する吾妻山を中心とする比婆山連峰一帯は，とくに観光資源としても優れているとして，昭和55年に国民休暇村が建設された．

3.3 農業・農家の再編をもたらした条件

　休暇村建設にあたって，休暇村建設地は地元の畜産農家の共同放牧地であったが，その150町歩を県へ売却し，県民の森の一部として運営されている．休暇村は，(財)国民休暇村協会が運営している．休暇村と地元住民との関わりは，3～4人が休暇村に雇われているだけで，売店で売っている商品も地元産品であるものは椎茸の粕漬くらいで，ほかのものは他地域で製造されたものである．これは商品の仕入れが国民休暇村協会で一括して行われているからである．

　(ii) ドルフィンバレイスキー場　ドルフィンバレイは，最初はヒババレイスキー場と称していたが，近年改称した．経営者は造船会社である．上級者・中級者・初級者コース計5コース，センターハウス（20室の宿泊施設，レストラン，更衣室などを設備），ログハウスなどを設置し，スノーマシンの人工降雪で滑れるようにしている本格的なスキー場である．

　スキー場が建設されたのは12年前であった．最初は町内の人も雇われて働いていたが，冬だけの仕事なので，専業農家的な人でないと雇用されにくく，現在は高野町の専業的農家の人が冬場の仕事として雇われている．地元の人で雇われていた人は，定年になって辞めることとなった．

　(iii) ホタルの里スキー場　ホタルの里スキー場は，個人で建設・運営されているファミリースキー場である．建設されたのは1988年であった．経営者の小学生の子供が土・日に滑れるようにしてやりたいと考えたことなどが出発点となり，自宅の傍にある自分の山を自力で伐り開いて滑れるようにしたのである．

　スキーには，スキー雑誌を見て訪ねてきたり，小学校のスキー教室で来たりする．来る人の7～8割は町外からの人である．ドルフィンスキー場とは客筋は違う．スキー場は小さいので，200人も来たらいっぱいになる．食堂は友達の奥さん4人を頼んでやってもらっている．

　ただし，スキー場経営は2～3年前まではよかった．雪さえ降れば人が来てくれたが，だんだん世代が代わり，スノーボードが増えてきたことなど，新しい傾向に対応しなければならなくなってきた．宿泊施設の拡充や新しく炭焼窯を作るなど，グリーンツーリズムの成長に対応する試みも考えられて

いる．

また，当経営者は，毎年10月には，比和町立自然科学博物館友の会の「きのこ観察会」に自家有林を開放し，きのこの採集やそれらの試食を行うことに協力している．

(iv) その他　比和町においては，観光・スポーツに関わる施設として，ほかにも宿泊・研修施設「かさべるで」，総合運動公園，町民グランド，町民プール，いざなみ工房（木材工芸），自然科学博物館，グリーンポート吾妻路（食事・無料休憩所）などの施設や史跡名勝がある[vi]．

3.4　結　語

(1) 過疎化がもたらしたもの
―地域の労働力と資源の放棄および外部からの資源の導入―

広島県北部中山間農業地域における過疎化すなわち人口の減少は，基本的には薪炭生産，和牛生産などの従来から経営されてきた産業の衰退によって生活が維持できるだけの所得が確保できなくなり，従来どおりに生活してゆくことができなくなったため生じた．労働力の流出は，なによりもそれらの資源を活用し産業と生活を作り上げていた最も基本的な「資源」である労働力を地域外に流出させた．さらに統計上では存続している地元労働力と見えても，その労働力の通勤兼業は進展し，地域労働力の空洞化が見かけ以上に深化してきているということである．なお，そのことは同時に都市における過密化をもたらす条件の一つともなっている．

労働力の流出が進んだことにより，それまで行われていた地域の山林資源（林木，下草）や農耕廃棄物（わら，畦畔草），畜産廃棄物（きゅう肥）の利用ができなくなり，それらの資源を放置させた．例えば庄原市では役肉用牛4500頭余り，比和町では同1300頭余りを飼養するのに利用されていた山林や耕地の資源の大部分が放置されることとなったのである．

[vi] 比和町における観光開発については，より具体的に前掲拙稿「中山間地域における産業の衰退と再編―広島県比和町の場合―」161〜4頁において紹介したことがある．

代わりに，畜産では外部からの飼料，農耕では外部からの肥料，農薬，諸材料の導入を新たに進めることとなった．さらに機械化の進行は，畜力利用を廃止し，自動車や農業機械（トラクター，田植機，コンバインなど）の利用を進めた．単に進めただけでなく，過剰投資といえる状況まで生み出している．これらの変化は，家庭生活の変化とも併行しており，家庭燃料を炭から石油，電気へと変換させた．もちろん農業関係のエネルギーも石油・電気へと変えた．

外部からの資源導入・利用の増大は，地域の資源循環を撹乱する．薪炭林としての利用を止め，代わりに杉桧の植林を進めることは，従来棲んでいた動物の餌を減らし，また保水力を低めることにもなった．昔はなかった猪が耕地を荒らすようになったり，雨が降った後の水の出方も一時的に急になり，災害は植林地に多く発生しているようである．

スキー客やその他の観光客の増加は町の要請に一面では沿っているが，観光客の出すごみの処理問題の発生，スキー場の人工芝，浄化槽からの排水も河川の水質の悪化と関わっているようだし，自動車の増加による交通事故と排気ガスの増加なども，地域資源の循環を新たに撹乱し，環境問題に関わるものとなっている．

（2）過疎化の現況　—農民層分解の強行と地域構造の再編—

以上の変化は，地元住民の経営と生活の形態を変えてきた．また経営と生活の変化によってもたらされた．労働力の農外流出により，手放された耕地は他の一部の農家に集中され，その農家の経営基盤の拡大の可能性をもたらした．しかしその規模拡大は，平坦地と比べて条件不利な地域であるため，限界があり，「合理的」な農業経営の確立は困難に直面している．例えば，1995年，庄原市で1000万円以上の農産物販売を行う農家は47戸（1集落当たり0.24戸），比和町では2戸（1集落当たり0.09戸）でしかなかった．全体として，農業経営の行き詰まりと放棄が進み，とくに山間部では離村した農家の耕地はそのまま放棄される場合が多くなり，町の耕地面積は全体として減少しつつある．農家労働力は在宅兼業ないし離村という形態を取り，農外へ流出を続けている．

このような経営の分解は，上記のとおり，資源の外部からの導入により進行しているのであるが，それを推進している原動力は農外資本の力である．外部から持ち込まれている資源を生産し売り込んでいるのは，石油資本，電力資本，農機具・肥料資本，自動車資本，貿易商社資本など，いずれも巨大資本である．すなわち巨大資本が主導力を持って動かされている資本主義体制の枠組みの中で，中山間地域，とくに山間の農家は，全般的に落層化傾向を示す農民層分解を強いられているのである．

とはいえ，一部では，努力と創意により経営展開を実現している農家もあり，また全国的にも注目されている営農集団も存在し活動している．ただし，これらの農家・営農集団は，新しい技術基盤を導入しつつ発展している．その技術基盤は，平坦地により適合的な大規模農業経営技術であり，放棄され過剰となっている中山間農業地域の資源と労働力を有効に活用するものではない．さらに，平坦地向きの技術基盤の導入が強力的に進められるということは，地域の物質循環，資源利用のあり方に新たな問題を引起こしかねない．

外部から強制された農民層分解でなく，大多数の経営と生活を守れる自主的民主的農民層分解の可能性が追求されねばならない．

また，全般的落層化を示す中で，地域活性化の追求が多面的に進められている．その中で，産業発展の新しい動向として観光・レクリエーション事業の進展状況を見てきたのであるが，その発展過程に二つの方向が存在した．外部資本主導によるいわゆる外発的発展と地域内の担い手と経済力を主体とするいわゆる内発的発展の方向である．前者は現在進められつつある開発の大部分の形態であり，後者については，ホタルの里スキー場にその例が見られるが，小規模であり，新しい要請の高まりの中で，多くの課題を抱えており，その発展の定着は手放しで楽観できるものではないだろう．しかし，その存在意義から見て，民宿経営などの発展も加味された，こような内発的発展の方向がさらに実現されることは，今後の中山間地域の発展に対して極めて重要なことであると考えられる．

もし現在進行しつつある事態が今後もそのまま推移するとするならば，ど

のような展開が予想されるか．全くの予想でしかないが，現在建設された舗装道路は，さらに補強されながら利用され，そして，大規模な観光施設は点在しつつ経営され，農業面では条件のよいところを集中した「大規模農業経営」が点在するようになるだろう．現在政策的に追求されている規模拡大の結果形成される 20 ha という「大規模農業経営」が成立するということを庄原市で考えてみると，庄原市の耕地 2338 ha は約 117 戸の農家ですべて経営されることとなる．庄原市の集落は 192 であるから，1.6 集落に 1 戸の農家があればよいということになる．比和町でも，同様に，23 集落に 24 戸の農家（1 集落に 1 戸程度）があればよいということになる．1 戸前後の農家ではこれまでのような村落機能は維持できなくなるだろう．そこで農業経営者は幹線道路周辺に再編成された集落ないし市街地に住み，そこから通勤するということになるかもしれない．多くの農用地は自然に帰り，野生の鳥獣は増加し，「美しい」環境の中で，多くの有益な地域資源が放置されたままとなり，一面では環境破壊も進み，住民の大部分はこれまでの故郷で暮らすことはできなくなり，地域の人口はさらに減り，他方，都市での過密問題は解決されないままとなるだろう．

そこで，このような方向ではなく，国土の中で都市と農村のバランスの取れた発展が実現され，国民生活の基本を守る食料生産を保障するため中山間地域農業も含めた農業の発展が持続され，何よりもより多数の地域住民の豊かな生活が保証される方向が実現されなければならないのである．

(3) 過疎化と住民の課題 ―緊急の課題と長期的課題―

以上のとおり過疎化の進行により中山間地域住民の経営と生活は極めて厳しい状況を迎えている．状況を打開するため住民の主体的努力が要請されていることは言うまでもないが，以上の検討からすると，過疎化は大資本を中心とした資本主義の地域産業再編成の過程として進んできたのであり，過疎化をもたらした主要な条件は大資本を中心とする外部からの力によるものであった．地域住民はむしろ被害者であった．ということは，過疎化を根本的に食い止め，地域を住民の経営と生活を発展させ，環境問題を克服するためには，住民の努力だけでは不十分であり，地域を取り囲む資本主義体制の枠

組みのあり方も変えることが必要であるということである．

しかし，すぐにそのような根本的な問題の解決ができるとは言えない．とりあえず地域住民の経営と生活が守られ，地域の環境が維持されねばならない．そして同時に，抜本的な条件の改善が進められるよう追求されるべきであろう．すなわち，当面する課題には長期的に取り組まなければ解決できない課題と当面する緊急に解決しなければならない課題がある．

1) 当面する緊急の課題―住民の経営と生活の維持・向上―

地域産業の維持・発展の追求，たとえば農業については，現在進められている営農集団，農業開発公社の強化を通した営農体制の強化，各作目の技術水準の向上と市場対応力の強化，林業については，林野の他目的利用を進めるため，杉桧などの経済林の育成だけでなく，雑木林の育成利用を追求するなど，道路の改良などの基盤整備とともに，現在進められつつある農林業の担い手確保と産業発展の課題をさらに追求する．

2) 長期的課題―大資本の規制と傾斜地農業の建設―

長期的課題は，過疎化をもたらしている枠組みを改善する課題であり，一地域だけの取り組みでは改善不可能であるが，都市と農村の共生の実現を目指す国民的合意の上に大資本の地域再編のあり方を規制することである．

地域の農林業を維持することは，何よりも農産物貿易のあり方を変え，農産物の輸入規制を実行しなければできない．同時に，地域開発の方向として，地域の住民と資源を最大限活用できる内発的発展を追求し，それが実現できるように外部資本のあり方を規制しなければならないであろう．

それと同時に，放置されている地域の資源を再度有効に利用し，環境を適正に維持できるような傾斜地農業技術を新たに開発し，それを地域で実践できるようになる経営と制度の仕組みを示すことも必要であろう．

以上のような課題の分析と解決方法の具体的提起ができるよう研究を進めることが，われわれ研究者の中山間地問題研究の課題となっていると思う．

（荒木幹雄）

第4章　新しい地域農林業の発展方向

―市民パワーと自主選択をNGOと芸北町に見る―

4.1　経済発展にともなう過疎，農林業陥没と再編の方向

　表4.1，4.2に見るように1997年の広島県の食料自給率は25％で全国47都道府県中第40位，遊休農地面積率は第6位で，中国5県の中ではいずれも最悪である．広島県の中国山地地方は典型的な過疎農山村地帯であり瀬戸内島嶼地域の過疎化と併せて，低い食料自給率と遊休農地山林増大の矛盾を引き起こしている．そこで先ず，経済発展にともなう過疎化と農林業陥没のメカニズムについて簡潔に見ておこう．

（1）自作小農経営の発展と解体

　日本農業は第二次大戦後の産業経済の目覚しい発展に対応して，1960年当時まで生産力を発展させて来た．耕地面積が戦後最大に拡大したのは1961年の609万 ha，延べ作付け面積の最大は1956年の830万 ha であった．しかし，その後は1970年頃を境に，延べ作付けを含む農地面積と担い手，さらには中核農家等の減少が加速する反面で遊休・不作付け農地と農地を持ちながら耕作しない農家の急増による自作小農経営の解体を深めて来た．そして，経済発展による賃金等所得増大による食料カロリー摂取の炭水化物から動物蛋白と油脂への転換とともに，食料自給率の著しい低下，すなわち食

表4.1　都道府県別食料自給率における中国各県と広島県の位置

区分	自給率	全国順位
全国	41％	平均
北海道	179％	1位
東京	1％	47位
鳥取	63％	17位
島根	67％	14位
岡山	41％	24位
広島	25％	36位
山口	37％	31位

資料：(1997年について農林水産省で試算)．

表4.2 耕作放棄地と土地持ち非農家の農地

	経営耕地と耕作放棄農地				土地持ち非農家			
	経営耕地A	耕作放棄地	%	順位	所有農地B	B/A	耕作放棄地	%
全国	4,120,279	61,771	3.8	—	302,220	7%	82,543	1.5
鳥取	32,949	1,234	3.6	26	1,193	6	474	9.9
島根	38,727	2,175	5.3	16	3,120	8	1,523	2.8
岡山	64,226	4,665	6.8	7	5,535	9	2,540	1.5
広島	54,051	4,664	7.9	5	3,720	7	2,943	4.2
山口	45,708	2,497	5.2	17	4,674	10	1,625	5.8

資料：農林水産省農業センサス
(注) 耕作放棄地の％は経営耕地＋耕作放棄地が分母．
土地持ち非農家の％は所有農地＋耕作放棄地が分母．

料の大量外国依存を決定的にした．農業白書（2000年版）は，食料自給率低下要因の3分の2は前記食料消費構造変化によるとしているから，あとの3分の1は自作小農経営の解体によることになろう．このような，経済発展にともなう，自作小農解体と食糧自給率低下は日本に続く経済発展を見た韓国，台湾にも見られ，アジア零細小農国の経済発展に共通する問題だと見られる．

（2）自作小農解体と農山村過疎化の進行

経済発展にともなう自作小農経営の解体は二つの面からもたらされた．一つは，1960年代末から自作小農経営が実現する単位農業所得の他産業就業賃金等所得に対する比較優位が失われ始め，80年代以降決定的になったことである．図4.1から，不安定な他産業賃金より農業所得が有利であった1955年には経営農地規模にほぼ比例していた都府県農家世帯員1人当たりの所得と家計費は，69年から両極層が逆転しながら中間層が陥没し，80年以降は農地規模に全く逆比例するに至った．他産業の雇用機会の広がりとそこでの賃金等所得増大が，他産業雇用の難しい老齢等農家労働力層を除いて，農業就業（自作小農）の経済的存立基盤を奪ったのである．

かくして農家労働力は淘々と農外産業に流出し，おりからの高速交通や無雪道路整備とともに通勤範囲も拡大し，農家は兼業化し，通勤出来ない僻地

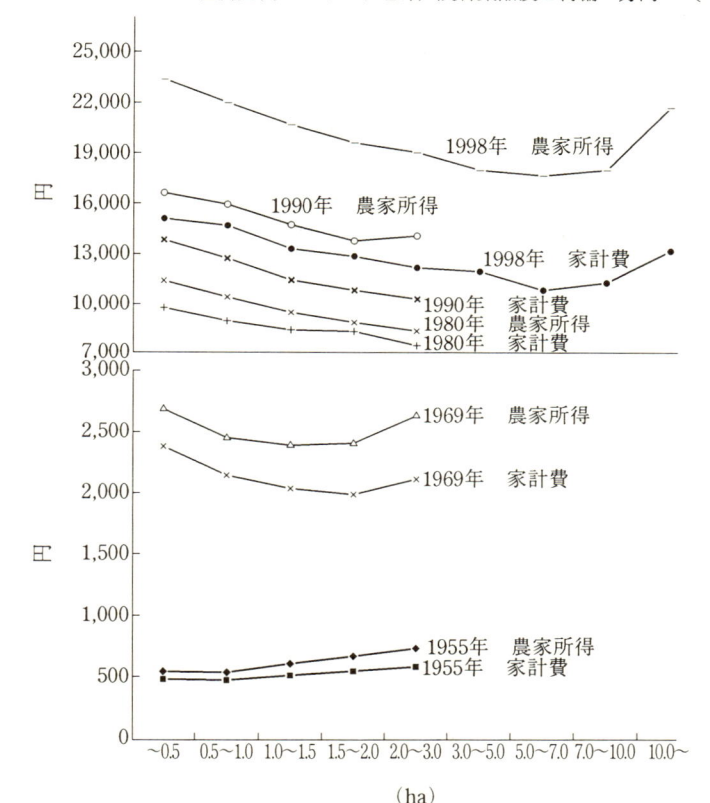

4.1 経済発展にともなう過疎,農林業陥没と再編の方向　（ 85 ）

図 4.1　経営農地規模別農家所得と家計費（世帯員1人当たり）
資料：農林水産省「農家経済調査」「農業経営動向統計」より
（注）1955年，69年，80年，90年曲線の 2.0〜3.0 ha は 2.0 ha〜.

農家の多くは出稼ぎや離村を余儀無くされた．これが過疎化の始まりである．逆に言えば，多くの農民はかっての貧しさと過重労働を強いられる農山村僻地農業に留まる必要が無くなったのである．

　もう一つは，農家（後継者）の社会的断絶の拡大である．ここ広島県備北地域を含めて"兼業化"は畑作や農家畜産等の縮小を伴いながらも稲作中心の兼業農業を定着化したかに見えた．しかし，農家後継者の高学歴化や職業・居住地の選択自由化は，安定したかに見えた兼業農家（時には専業農家

も）の断絶を拡げた．つまり，かつては家父長的な"家制度"によって存続して来た農家と農業は農山村僻遠地域ほど，後継者の職業・居住地の自由選択にって断絶することとなった．自作農家は僻遠農山村から始まって，社会的な存立基盤をも失いつつあると言えよう．確かに退職就農者も現れており，一定の希望を繋ぐものがあるが，それだけでは，過疎地域（農業）問題の解決にはなお遠いであろう．

そして，貿易自由化の促進による安くて見場が良く規格化された安い海外農産物の洪水的輸入増大が，上述した自作小農経営の解体に拍車をかけてきた．

(3) 新しい担い手形成と地域農業の改革・再編

上に述べた，自作小農の解体の動きは1970年代以降明確になり，それに代わる産業型自立経営（規模拡大する企業的な農業経営体）と持続的な兼業農業や市民農園，都市農村交流農業等の市民農業が生成展開して来た．地域営農集団活動も各地で展開してきたが，それは，特定法人化に示される統合的な企業経営体への上昇と兼業・市民農業を支援・補完する機能の二つの側面にわたっている．これらの動きは，いずれも伝統的な自作小農経営と地域社会のあり方を構造的に改革する歴史過程でもある．しかし，上記の貿易自由化による海外農産物の大量輸入は，この産業型自立経営の成長にブレーキをかけ，自作小農解体とのギャップの拡大，農業危機深化をもたらした（この点の論述は別の機会に譲る）．

(4) 中国地方中山間地域の農業発展方向

中国地方とりわけ広島県は人口と経済活動が集積する瀬戸内沿岸地帯のすぐ背後は中山間地域となり，過疎化が進行している．

そこでは平坦地域が少ないが，高級ブドウ栽培（三次市，三良坂町），大規模稲作経営（県下一円の市町村），新規参入を含む野菜と米の複合，酪農や肉用牛，養豚，養鶏等，産業型自立経営志向農業経営が拠点的に形成されつつある．長い歴史をもつ集落営農についても，特定法人化への経営展開を図っているものもある．

他方で，兼業・市民農業について，集落営農と機械化農業により定着したか

に見えた兼業農業は，新たな世代交代とともに担い手は次第に先細っている．地域内外からの農のある生活を求めた新しい血の導入を含めての持続的再生が必要になっている．

とくに広島県は沿岸集積地帯と内陸中山間地帯が県内どこでも1時間半の交通アクセスが出来，沿岸集積地帯からの市民農林業を受け入れる絶好の条件にある．そこで以下，県下のNPO団体と芸北町，広島市安佐南区の市民農園の実態の中に，今後の市民農林業発展の萌芽を見た．

4.2 "もりメイト倶楽部Hiroshima"の地域林業への取り組み

(1) もりメイト養成講座参加者を核に発足

NGO団体"もりメイト倶楽部 hiroshima"が平成9年4月に広島市農林整備課主催の森林ボランテア（もりメイト）養成講座参加者を核として発足した．1999年11月末にホームグラウンドの広島市白木町での森林作業ボランテアを見学したが，この時参加したメンバーは約45名，昼食後の例会での発言では上記の森林ボランテア養成講座の1期生，2期生，と言って自己紹介していた．2000年11月現在の会員は約90名で11班を構成している．会長は見勢井誠さん（電力会社勤務），事務局長は山本恵由美さん（会社勤務）で，会員の勤務先，住所は広島市と東広島市がほとんどだが白木町の地元や山間町部の山林所有者，森林組合関係者もおり，森林作業や林産加工の実践指導の役割を担っている．

会報「もりの手紙」末尾に"モリメイト倶楽部Hiroshima とは"とする次のような会員募集呼びかけ文が載っており，会の目的と性格を良く示している．

「私たち，もりを愛する仲間達の出会いは，広島市主催の森林ボランテア養成講座から．ホームグラウンド（白木町）で下刈り・枝打ち・間伐・植林・雑木林の手入れなど林業の基本作業や山菜料理・木の実の果実酒作り・木工クラフトなど，森からの恵みも楽しんでいます．森はあらゆる生物に必要な酸

素や水を生産し，生命体を生かしてくれる大切なもの．『私にできることから…』という思いで頑張っています．ぜひ私たちといっしょに一歩を踏み出してみませんか」

 (2) もりメイト倶楽部の活動

　活動の中心は，広島市から芸備線で約40分の同市白木町大椿地区共有林の演習林7haの林業作業である．これは，共有林代表者のTさんとの口頭契約で演習林として活用しているもので，平成9年から実施しているが，年間活動は次による．

　○4月総会と演習林視察 ○5月シバグリ林の補強とシカ対策, 7畝の田植え (75名参加) ○6月 GIC (各NPO連絡協議会 Green Information Center) 参加 (36名) ○7月下草刈り (32名) ○8月雑木林の手入れ (41名) ○9月松枯損木の伐倒 (58名) ○10月間伐 (40名) ○10月会員持ち山のヒノキ間伐 (15名) ○11月キノコ原木作り (38名) ○12月白木町雑木林手入れ (8名) ○12月23日八千代町炭焼き (38名) ○以下1月炭焼き, 2月枝打ち, 3月マツタケ林手入れ・キノコ菌打ちが計画されている．

　また次のような他のボランテア団体の事業への派遣参加も行っている．

　○6月オイスカ手伝い (吉和村 頓原造林地) 6月設立記念事業参加 ○7月みどりの里親 (どんぐり) 下刈り作業指導 (5名) ○8月みどりの里親 (どんぐり) 下刈り作業指導 (5名) ○オイスカ手伝い (吉和村 頓原造林地) ○8月下刈り指導 (10名) ○9月みどりの体験ツアー (筒賀村) 枝打ち指導 (5名) ○9月間伐応援5名 ○10月オイスカ手伝い ○11月植林応援, SERAゆうゆう塾 (18歳～35歳の農村青年20名を含むメンバー約100名の都市農村交流組織) 収穫祭参加 ○11月戸山林業研究グループによる安佐南区沼田町での間伐講習会に参加等々 (1999年実績から).

　会員には毎月会報"もりの手紙" (A3版) が届けられる．その内容は，次回例会と各NGO行事の案内，参加実践報告，仲間の近況，実践活動の中で生じた問題と対処経験報告，それらに関連する特集記事などである．

 (3) 活動成果と組織の発展

　1999年10月9日，アステールプラザで行われた広島ボランテア総合セ

ンターの"まちずくり横町"コンクールでもりメイト倶楽部の活動は19団体中3位を獲得．また，10月20，21日に広島市産業会館で行われたひろしまNPOセンター主催の活動発表会で28団体中8団体の奨励賞に入った．

そし現在，4年目を迎えた組織と活動は大きく発展しつつあり，昨年11月末まで新しい会員が22名増え，9班から86名11班に編成され，出前林業部会，炭焼き部会，農業部会，里山（雑木林）部会，シバグリ林育成部会の各部会を立ち上げた．

（4）森林・林業の再生を目指して参加

1999年11月の白木町の例会活動に参加した約45人にお願いしたアンケート調査で回収できた23名分について見た．

① 居住は，広島市が8割強で，2割弱がそれ以外の市町である．② 男14人，女5人，不明4人．年齢は20歳代1人，30歳代1人，40歳代8人，50歳代7人，60歳代3人，70歳代2人，不明1人で40歳，50歳代が65％を占める．③ 職業は，会社員10人，パート2人，自営業2人，農林業2人，公務員（保母）1人，教員1人，退職者2人，主婦1人，不明2人で，農林地所有者は上記農林業の2人だが実家の農林業を手伝っているのが他に2人である．

④ 活動は年に10～15日（月一回の例会活動が主）が大部分だが，もりメイト以外のボランテア活動をしている人が12人居る．内容は都市農村交流事業，森林インストラクター，環境保護，地域・教育活動，介護活動などである．

⑤ 参加の動機は，荒れた森林と熱帯雨林破壊の輸入林木増大を見て森林・林業を再生したい（10人），林業技術を習得して林業再生に尽くしたい（3人），水と酸素・命の根源の森に学びたい（5人），退職後の生き甲斐・余暇活動を環境保護ボランテアで（5人）などである．⑥ 活動費用は1カ月500～1000円（保険料・燃料費等）で，もりメイト倶楽部会費は別に年1500円である．

⑦ 森林オーナー制や市民農園を出来れば実施したいとする人が7割居り，現に市民農園をやっている人も2人居る（うち1人は20キロ離れた世羅町

で60坪).

(5) 食料，林業，環境等の問題を憂うメンバーの意見

アンケートで聞いた農林業等についての意見は次の通りである．

○ 食料自給率が先進国で最低，森林・林業も荒れ放題，このままでは日本は大変なことになる．そこで都市から就業，教育を含め農林業の建て直しと地域社会振興に寄与すべきであり，とりわけボランテア活動がこれまでのシステムの枠内では解決出来なかった部分を担っていく上で重要な役割を果たす．(37歳，女性，会社員，広島市)．○ ただ安いからと東南アジア等の熱帯雨林を破壊した輸入木材に頼っている日本の状態はほんとうに残念だ．(52歳，主婦，広島市)．○ 居住（下松）地区で炭焼き技術が途絶えたので，商品化は無理としても遊び心での炭焼き技術の伝承に勤めたい(65歳，男，会社退職者，広島市)．○ 現在，小中学校で農林業についての体験教育が徹底していないことは問題で，教育，行政は農林業を重視すべきだ．(58歳，男，東城町)．○ 子供を過保護にせず，もっと自然にふれた育て方をすべきだ．将来の食料不足が心配だが，自分たちの食料はどんなことがあっても自分たちで作るべきだ．(49歳，女，パート，広島)．○ 子供達に食べ物と生命の尊さを教えるべきだ．(44歳，男，会社員，広島市)．○ イギリス，ドイツで大都会を一歩でれば非農家の小農園が延々と続いているのを見た．退職後500坪の自家農園で無農薬野菜をつくり近所や親戚に無償供給している．大規模専業農家だけでなく個人の小規模自給農業も育て食料自給率アップを図るべきだ．林業は個人経営は無理だと思うので公共事業で取り組むべきだ．私が森林ボランテアを始めた理由はこの点にある．(60歳，男，会社退職，広島市)．○ 専業農家だけでなく兼業農家も減っている．生活安定のために農林業は捨てられつつあるし，交通，病気治療などの点で山間部が住み難いことは事実である．そこで山間部に都市部の人が通って交流して楽しみを運び，農林業も担えるようにすればプラスに転化できるのでないか．(47歳，男，会社員，広島市)．○ 田舎で増大しつつある遊休農地や放置山林について退職者の健康維持増進の意味でも指導者を育成して手のかからない作業をやってもらったらどうか．今後の世界食料不足，新鮮果実・野菜供給，水源確保

の点からも有意義であろう．(59歳，男，会社員，広島市)．○ 森林と林業（経営）を同位で処理する思考を改め，森林は水源確保，災害防止，清浄空気供給の都市生活に不可欠な基盤であることの認識に立った対応が必要である．(50歳，男，会社員，広島市)．○ 県，市の行政がボランテアーリーダーの養成講習に力を入れ，行動出来る人を増やすべきだ．森林ボランテアーは保険料など持ち出しが多い，行政の助成で負担を軽減すべきだ．(55歳，男，会社員，広島市)．○ 汗を流して生きる直接の手段を作り出す第1次産業従事は都会の人にとっても魅力がある．

(6) まとめ

荒れた森林，林業の再生に立ち上がる都市市民と地元農林家の連携が新しい形で始まったのが"森メイト倶楽部 hiroshima"である．これは，荒廃農地活用の食料確保（自給率向上）への思いにも通ずる．この取材を通して，森林・林業や農業・食料への都市市民の強い思いと，きっかけさえあれば実践に立ち上がる強力なパワーをを痛感した．もちろん，これだけで荒れた山が直ちに復元出来るわけではなく，この運動が広がり発展して行くなかで乗り越えねばならない多くの困難な問題が横たわっていることは否定出来ない．ともあれ，この都市市民の側からの農林業への思いと実践のアプローチは日本のとりわけ山間地域農林業再生への一つの始まりであり，ヒントであることを否定できないであろう．

4.3 山県郡芸北町の農林業興し―芸北町の概況―

芸北町は広島県の北西端，島根県境にある山村で役場所在地の標高約600m，広島市から車で1時間半，1999年12月の人口3216人（高齢化率34.5%，前年同月比47人減），就業人口95年1915人（農業621人，林業26人，漁業4人，1次産業521人，3次産業736人），耕地は90年に水田788ha，畑61ha，果樹2ha，山林は99年223百ha（町有林26百ha，県有林9百ha，民有林184百ha，国有林4百ha）で林野率89%，うち人工林率39%（87百ha）である．

平成10年度の町民総生産75億円（住民1人当たり233万円），農業収入

13億円(農家戸数800戸,1戸当たり161万円,認定農業者18人,農業士17人),観光収入6億5千万円,入り込み客年86万人(スキー場8カ所,町営温泉1カ所).

(1) 林業活用の地域興し

① 森林オーナー制度(ウッドマンクラブ)の発足

芸北町は1997年度から町営による森林オーナー制度を発足させた.

◎ まず針葉林で3 ha 30区画

○ 97年度の分は,町有林のうちの25～30年生の針葉林3 ha(3万m^2)を30区画に分け,1区画1000 m^2の地上立木についての所有出資者を募るというものであった.

○ 出資額は1区画30万円でうち15万円は立木代金に相当,あとの15万円は契約期間10年間の地域交流代金に相当し返還は無い.

○ 所有する立木については出資者が管理・育成・処分の経営権(地上権)を有し,10年毎に更新するが出資者が間伐後の立木を残したまま更新を望まなければ15万円は返却する(出資者が立木を処分した場合は返却は無し).

○ 1000 m^2の中に10 m^2以内の小さなログハウスを建てることも可能で中にはすでにログハウスを建て林間生活を楽しんでいるオーナーもある.

○ 30区画の募集に対して応募者は74名あったので抽選で30名を選んだ.

◎ さらに2 ha 20区画の広葉林で実施

○ 98年度にはさらに2 haの町有広葉林について同様のやり方で20区画を実施した.

○ この20区画のオーナーは第一回の実施に応募して抽選に漏れた人達を含む応募者の中から選んだが,前回と合わせた応募者の計は120名である.

◎ ウッドマンクラブを結成し,地域交流を楽しむオーナー

○ 現在,広島市を中心に50名の森林オーナーが居るがこの人達はウッドマンクラブという名の親睦交流組織を結成し,地元地域社会の主催する様々な行事に参加し地域交流をエンジョイしている.99年度には次のよな行事を行った.

○5月9日　山菜フェスタ（家族連れで100人以上出席）
○7月10,11日　枝打ち,間伐講,炭焼きの講習会（20人出席）
○10月16,17日　キノコフェスタ（家族連れ100人以上出席）
○11月27日　炭焼き講習会（20人出席）
○オークガーデン（町営の温泉保養所）での入浴料一般500円が200円（山林作業に来た場合は100円）に割引される．
◎以上のほか森林組合ではキノコの里オーナー制度を実施,現在30名の会員が居る．また町では約2万haの民有林をふまえ,民有林についてもオーナー制度が実施出来ないか,検討をはじめている．

② 森林オーナー制に応募した人達の属性

◎居住地…○広島市95人,○府中市6人,○福山市5人,○廿日市市4人,○東広島市3人,○呉市2人,○海田町2人,○熊野町2人,○大野町1人,○黒瀬町1人,○芸北町1人,○計122人である．やはり都市部の人達とくに広島市が圧倒的に多い．

◎年齢階層…○20代1人,○30代15人,○40代37人,○50代54人,○60代13人,○70代1人,○不明1人,50代,40代の働き盛りが圧倒的に多いことが注目される．

◎勤め先…○会社勤務59人,○自営業8人,○公務員36人,○公共的団体5人,○無職（年金生活）5人．

③ 森林オーナーへの動機

◎針葉樹オーナー志向動機

○森が好き,植物が好き,とにかく楽しみたい（5人）．○芸北町が好きであこがれている（5人）．○自然の中で汗することでリフレッシュしたい（4人）．○森林保全の大切を認識・実践するため（4人）．○ゆったりした時間を過ごしたい（4人）．○健康・リクレーションのため（4人）．○森の手入れをしながらウッドガーデニングキャンプなどしたい（3人）．

○林業に興味があるから（3人）．○会社を退職したばかりで自然と親しみ理解し,木や花,キノコのことを知りたい（3人）．○山が欲しい（2人）．○下流域の都市住民を支えている森林や農地を自分で管理してみたい（1

人）．○自分の遊び・楽しみの根拠地として（1人）．

○芸北町に山林を保有したい（1人）．○芸北町出身だから（1人）．○実益（1人）．

以上は各人が記入したままの表現で項目によって若干ダブリがあるが，山や森の自然が好きでその中でゆったり楽しむ根拠地として，あるいはそれに芸北町が好きだからと言う要素がそれに加わって，森林オーナーを志向している場合が多いことが伺われる．

◎ 広葉樹オーナー志向動機

○自然とふれ合い，木に囲まれたゆったりした空間で読書などしたい（32人）．○自分で山を育てたい（5人）・水源林を自分で育てたい（5人）・広葉林の施行管理を自らしたい（4人），計（14人）．○キノコ栽培をしてみたい（12人）．○将来のアウトドアーライフ（スキー，渓流釣り等）の根拠地として（10人）．○芸北町が好きだから（9人）．○木が好きで山仕事や木工作りを楽しみたい（8人）．○に囲まれて丸太小屋やテント生活をしたい（3人）．

○自分の山が欲しかった（2人）．○中国山地が好きだから（1人）．○自然にふれた子育てがしたい（1人）．（以上についても最初の"自然とのふれ合い…"を共通記入として拾い集め，あとの具体的項目とダブリ記入がある）．

（2）芸北町農業の先駆的な担い手

① 5，5，1，6運動で農業生産額17億円を目指す

平成10年度の町の農業生産額は13億円だがこれは米が災害と価格低下で1億円落ち込んだためで，町は5（米），5（野菜），1（花），6（畜産）運動で農業生産額17億円の実現を目標にしている．1998年度は米4億円弱，野菜（トマト2億円，ホウレンソウ9千万円，キャベツ2.5千万円等）3億2千万円弱，花7千万円，畜産（酪農11戸340等2億7千万円，養豚2戸8千万円，和牛5千万円）4億円である．

認定農業者18人，新規就農者は1997年3人，98年4人，99年4人である．水田600 haの基盤整備は91％完了，水田転作率38％だがその中から

新しい感覚の農業者と経営が展開しつつある．

②アンケートから見た認定農業者

18人の認定農業者に出したアンケート調査に対して次の6人の回答があった．

◎Aさん（68歳，男），1主部門（リンゴ），2経営面積（100 a），3売り上げ年（1000万円），4開始年・動機（平成元年，農業高校教員としてリンゴ指導の中から），5クリアーしたハードル（農地取得・資金確保），6行政との関り（農地取得），7今後の展開（ふじ系統拡大とリンゴワインの醸造成功），8自分にとって農業の意義（地域リンゴ生産リーダーとして生涯現役で頑張る），9経営上の問題（農協大型合併で資材価格が高くなった，金融面でも農家いじめが目立つ），10地域農業の問題（かつての農業構造改善事業時の先進性が今は無い，基盤整備開始時点に帰り行政と農業者の真剣な話し合いが必要），11農業以外の活動（芸北町体協スキー指導者会員，マラソン大会事務局員等）．

◎Bさん（64歳，男），1（トマト），2（62 a），3（1500万円），4（平成元年，共同経営解散），5（雇用労力確保，運転資金借入），6（圃場整備以来相談相手），7（新規就農者養成），8（圃場整備と整備後の営農推進に生き甲斐），9（後継者確保，その対策として新規就農と農園グループの法人化），10（企業的なグリーンツーリズム推進が課題）．

◎Cさん（60歳，男），1（トマト），2（9 a），3（450万円），4（1990年，ホウレンソウが連作で打撃），5（トマトの個人選果と出荷），11（町農業委員）．

◎Dさん（58歳，男），1（稲作，造園），2（600 a），3（3000万円），4（1994年，農業経営不安）5（林業・造園経営への移行），6（稲作は生産組合重視で個人経営との接点薄い），8（水稲を止める農家のため規模拡大せざるを得ない），9（米価低迷に対して資材価格が高い），9（町内で若いひとが働ける場所が欲しい）．

◎Eさん（49歳，男），1（トマト，その他），2（200 a），3（800万円）4（1970年，時代の変化），5（災害，連作障害），6（各種補助事業導入），7（農産物直売，体験農場），8（農業が天職），9（問題なし），9（過疎・高齢化）．

◎Fさん（48歳，男），1（酪農），2（110頭，成牛84頭，10 ha），3（6000万円），4（1995年，父が病弱だった），5（1980年に現在地に移転），6（町有地の借り入れ，各種補助事業），7（経営拡大にともなう環境悪化防止のための）畜産環境整備リース事業），8（環境対策）．

③新しい農業時代を開く認定農業者の農業経営

1月14日，役場に5人の認定農業者に集まってもらい新しい農業経営の取り組みについて聞いた．上記のアンケート回答者とダブっている農業者もいるが，次に紹介しよう．

◎境邦昭さん（39歳，肉用牛経営）

○俵地区で町有地21 haの土地を借りて中西さん（56歳）と1986年から共同で肉用和牛を常時210～220頭飼育，肥育牛を年間120頭（月10頭）を販売（販売分だけ子牛を購入），年間6000万円弱の売り上げである．

○境さんは広島県の肉用牛経営のネックは上物率が低いところにあると見て，上物率を上げる技術を習得するべく全国トップレベルの技術を確立した宮城県鹿島台JAの肉用牛肥育センターで昨年研修を受けた．それは，配合飼料技術にポイントがあり，今後その成果が期待されている．

○境さんの息子さんは現在中学生であるが将来は肉用牛経営にとり組みたいとしている．パートナーの中西さんも後継者は現在は農外就業しているが農業従事の意向である．しかし，両人とも現在の肉用牛経営が確立する目途が立った後に息子さん達の就農を受け入れるとしている．境さんは息子さんが高校を出るまでのあと3～4年の間に経営確立の目途をつけるとしていた．

○そのポイントはやはり上物率の向上で，山県郡に100戸（350頭），芸北町には25戸（67頭）の繁殖牛農家がいるが，境さんは山県郡肉用牛改良協会の副会長であり，5～6年内に全国平均を上回る山県郡の系統牛を確立したいと張り切っている．

○境さんの父は土木会社勤務の兼業農家だったが，牛が好きの境さんは牛一本に打ち込む専業農家になった．その一つの動機は父が昔の感覚で"和牛で専業はムリ"云われたのに反発してやる気になったことだとも言う．

◎ 村武浩二さん（24歳，水耕野菜経営）

○ 村武さんは97年に庄原市にある県農業者大学校卒業後に農協で経営若返り事業のトレーニング（野菜）を受けて就農した．

○ 経営は水耕トマト（10 a），露地キャベツ20 a，トウモロコシ30 aが中心で，あとは祖父母が15 aの一般野菜を栽培している．農地は水田が1 haあるが全て委託に出している．

○ 芸北町で水耕栽培にとり組むのは村武さん1人だが，技術は豊平町の先輩から指導を受けている．水耕トマトの糖度はどこよりも高く，またトマト，ホウレンソウとも夏場はここでしか生産・出荷出来ないことが強みだという．

○ 今後は年間通して使えるハウスをもう少し増やして暖房費を節約しながら周年生産・供給体制を確立したい．野菜経営を安定・確立させる自信は十分にあると言う．

○ 村武さんも祖父母の時代は専業農家だったが父の時代は兼業農家（土木会社勤務）だった．農業と植物が好きな村武さんは野菜専業農家の道を選んだ．

◎ 永見進さん（68歳，観光リンゴ園，アンケート回答のAさん）

○ 永見さんは山口県徳佐町の農業高校に38年間奉職した教員だった．学校農園のリンゴ園を22年間管理している中で芸北町に1982年秋からリンゴ指導に来たのが縁で89年に農業高校を退職とともに親類縁者1人居ない芸北町でリンゴ経営を始めた．

○ リンゴで2世代生計を立てるには1.5 ha必要だが，こちらに来て加計町高校で1989年，90年と常勤講師を勤め，その後94年まで非常勤講師を勤めた中での経営なので1 haに留まった．

○ 農地の取得には役場の関係者のお骨折りを頂いた．発足当初台風10号で大きな被害を受けたが加計町高校に2度目の職を得たおかげで助かった．農業への資本形成とリスク負担のために，農外就業からの収入が大切であることを実感した．

○ 労働力は奥さんと2人だが，農繁期には高校生やサラリーマン主婦のア

ルバイトを雇う．学校リンゴ園で経験を積んでいる高校生の戦力は大きいと言う．

○ 借入金は総合施設資金1800万円，それに近代資金とあわせ現在年に250万円の元利返済しているがあと5年で終わる．成園まであと10～15年かかるがその時は1600万円の売り上げが見込める（現在は1000万円）．いま，息子，娘は勤めているが退職後の生き甲斐農業として十分採算が取れる経営確立の見通しである．

○ 販売はゆうパックの庭先販売が500万円と半分を占め，またオーナー制も始めている．それは1本1口2万円（年）で100口の顧客があり，皆子供連れでもぎ取りに家族でやってくる（1本平均55キロの収穫）．農薬は抑制しているが収穫1カ月前からはストップ，絶対に残留しないようにしている．

○ 98年リンゴワイン100本の試作を始めた．300本を目論んだが100本に抑えられた．もちろん最初は赤字覚悟で皆さんに試飲してもらう．また，スキー場のスキー客にリンゴとともに買ってもらいたいと思っている．

○ 芸北町では16戸のリンゴ農家が2.9 haのリンゴ園を経営しているが，永見さんは技術改善で長野，青森に負けないリンゴ作りに自信を持っており，リンゴの新しい加工・販売の開拓にもトライしながら芸北町のリンゴ農家の先頭に立ってとり組んでいる．

◎ 上村一さん（48歳，酪農経営，アンケートのFさんに同じ）

○ 町有地25 ha（草地11 ha，施設等15 ha）を借り，その上で乳牛110頭，搾乳牛75頭の酪農経営を奥さんと弟の3人で行っている．

○ 年間搾乳量65万キロ，年売り上げ6千万円，粗飼料に生草は使わず乾草だけで脂肪率や無脂固形分の高い高原牛乳の高品質ブランドを確立，価格にも反映されるようになった．

○ 酪農を始めたのは上村さんが就農した1955年当時からである．父の農業は水稲単作だったが専業農業で行くには酪農だと考え実行した．規模拡大と過大な運賃コスト累積で1980年当時5千5百万円にもなった固定負債は，利子凍結，運賃適正化等の措置もあって今は2千万円に減った（それも

4.3 山県郡芸北町の農林業興し—芸北町の概況—

昨年20頭分の施設増設による分が大きい)．仲間のうちには既に返済を終わった経営もあると言う．

○ 上村さんは今後の経営改善について畜舎はいずれフリーストール方式にしなければと考えているがそれは全自動搾乳機が現在の2700万円から5～600万円に下がった時だとしている．

○ また，仲間の酪農家5人とスキー等の観光客を対照にアイスクリームの製造販売プラントの計画を練っている．と言っても5人の搾乳経営本体をリスクにさらさずに各経営のプラスアルファとして新しい経営発展への刺激になるやり方を採るべく思案中である．

○ 上村さんは，芸北町は沿海部大都市をひかえた飲用市乳圏にあり，また高原ならではの高品質牛乳の生産条件にもめぐまれており，酪農経営の将来に強い自信をもっている．

◎ 小川和夫さん (48歳，水田+野菜経営)

○ 小川さんはかって和牛150頭飼養していたが止め，1995年9月に農事組合法人"うずき"を結成し水稲の大規模集団経営に乗り出した．土橋集落24戸中15戸が参加，戸割1口2千円と反別1万円 (5口) の金銭出資である．

○ 1996年に受託経営面積は地区内13 ha＋地区外4.5 haの計17.5 haで出発，98年は23.5 ha，99年は22 haの実績であった．目標は30 haである．区画平均面積は13 aである．また，農地集積は県農地開発公社 (農地保有合理化法人) を通している．

○ 10 a当たりの支払い賃料は，1990年に行われた土地基盤整備費の償還額10 a 16000円に用排水・畦畔除草管理費を加え水張り面積で地区内18000円 (権利面積で25000円)，地区外13000円～12000円である．

○ 労働力は奥さんと22歳，28歳の農家のUターン青年2人で，将来2人の青年は農業経営者として自立していく事を期待している．

○ 品種はコシヒカリが主で直販と農協に半々の割合で出荷している．農協は玄米60 kg 16950円 (98年) に対し直販は精米10 kg 4000円 (玄米60 kg 2万円) である．損益分岐点は10 kg 4500円で25 ha耕作規模である．

水稲の受託法人始めた時，60 kg 16000 円時代が来るのは 2000 年と踏んだが来るのが少し早かった．

○ 今後は転作（芸北町 36.5 %）を水田に復元出来ないところだけに限定して，水張り 20 ha の水田耕作を確保したい．今後は高齢零細米作り農家が消えて行く中で，規模拡大の展望も開けると思うので，南の標高の低い方にも打って出て標高差による作付け時期の差を利用した規模拡大を図りたい．また，昨年からトマト栽培を始めたがさらにタラの芽や菌床栽培なども考えており，さらに 11～3 月の冬季スキー産業の活用も加え，年間を通して収益をあげる農業経営を目指したい．

③ 芸北町農業の新しい担い手の総括

以上，芸北町の各部門にわたる認定農業者について 18 人中 9 人についてアンケート，面談による農業経営への取り組みと今後の抱負等について明らかにした．

それによる第一の特徴は，各農業者とも山間地域の条件を農業の有利条件に転化するべく逆手にとった対応をしていることである．トマト水耕栽培，肉用牛，酪農，リンゴ，水稲，それぞれ標高の高い芸北町ならではの高品質生産物や栽培方法を目指している．

第二に，祖父の代は伝統的な小規模農業を運命ずけられ，父の代は兼業化によって伝統農業の貧しさからの脱却が目指されたのに対して，上に見た第三世代の認定農業者は自らの選択で新しい農業部門にチャレンジしてプロフェッショナルな自立専業農業経営者の地位を築きつつある．芸北町では毎年 4 人の新規就農者が見られるが，上に見た認定農業者に続く新しいプロ農業経営へのチャレンジが期待されるのである．

第三は，新しい部門と生産・経営方式の導入への挑戦とともに経営，加工・販売等のさらなる革新（たとえばリンゴワイン試作や酪農のアイスクリームプラント構想，水稲の標高差利用栽培システム，肉牛上物率向上作戦等）への挑戦を続けていることである．

第四には，行政等への依存でなく主体的なリスクを負った経営展開を図りながら相互の連携を密にした資源活用を図っていることである．

（3）芸北町役場職員の地域振興への意識と行動

　芸北町はかって地域農業者の主体的なエネルギーを結集した農業構造改善事業で全国的な先進地として視察が相次いだが，現在も上述した全国に先駆けた森林オーナー制度やキノコオーナー制度の実施など，先進的な行政プロジェクトが強く機能している．それは山間僻地の条件不利地域条件を跳ね返すべき行政担当者の強い問題意識の反映でもある．以下，役場職員約65人へのアンケートに対して27人の回答があったので次に示す．

　① 属性
　◎ 年齢　○20歳台2人，○30歳台2人，○40歳台5人，○50歳台17人，○60歳台1人．◎性別　○男性18人，○女性9人．◎居住地　○町内在住26人，○町外1人．

　② 地域振興プロジェクトとのこれまでの関わり
　○ これまで地域振興プロジェクトの企画，実施に参加した19人．
　○ 参加したことがない8人．
　◎ 参加したプロジェクト名
　○ ファミリーの森・森林オーナー制度（7人），キノコの里オーナー制度（3人），○ふるさと自慢運動（2人），○高原芸北ミュージアム構想・田園空間博物館（2人）（老人大学でつづれ織発掘），○清流の里つくり（1人），○八幡神社祭り（1人），○圃場整備事業（1人），○第三次長期総合計画（1人），○中山間活性化支援活動（1人），○21世紀農林水産業活性化総合事業（1人），
　○ 地域福祉・保健事業（1人）．

　③ 日頃地域振興への意識を
　○ 強く持っている11人（41％），○それなりに持っている10人（37％），○それほどでない3人（11％），○全くない1人（4％），○不明2人（7％）．

　④ 芸北町の当面する地域課題は何か
　○ 自然保護とマッチした経済発展（12人），○人口減少・高齢化と土地・農地・住宅の空洞化・荒廃への対策（8人），○景観の美化（3人），○働く場所確保（2人），○町の土地利用計画（1人），○市民農園・森林ボランテア活用

(1人).

⑤ これからの行政課題として何が重要か

○ 金のかかるプロジェクト・事業でなく住民の主体的取り組みの掘り起こし (14人), ○ 町の計画への住民の理解を得る (6人), 社会資本整備 (3人), ○ 町の特色を発揮する事業 (2人), ○ 若者定住 (2人), ○ 先を見据えた事業 (1人), 農家の所得向上 (1人), 国への依存脱却 (1人).

⑥ 小総括

回答者は50歳代の分別と経験が豊かで責任ある立場の職員が多かったせいもあろうが, 地域興しへの強い思いを持って, 様々な地域興しプロジェクトに関わってきている. その内容は実に豊富で多面的である. また, 地域課題については自然に恵まれた地域の特色発揮とりわけ自然保護と経済発展 (開発) の調和的遂行を強く求め, 行政課題についても従来の金喰い虫的な公共事業やイベントを排し, 地域住民主体の地域興しを目指していることが強く伺われる.

4.4 市民農園の展開

広島市農林業振興センター (財) は, 1999年4月から同市安佐北区白木町大字三田 (芸備線白木山駅から東へ300m) に整備面積13500 m^2 の整備面積を有する市民農園を開園した (図4.2). これは, 広島市が実施している農村活性化住環境整備事業 (ふるさとぴあ) によるもので, 国と県市負担の事業費は2億8千万円である.

農園の区画は50平方m規模が80区画, 100 m^2 規模が15区画, 福祉農園 (車椅子用プランター) が4区画, で全体で99区画である. これに管理棟 (木造平屋324 m^2), ふれあい広場 (バーベキュー炉五基), 駐車場 (31台分) などが整備されている.

利用者は広島市在住の市民で, 1区画当たりの年間使用料は50 m^2 区画が年間39000円, 100 m^2 区画が78000円, 福祉区画が3900円で, 5年間は放置あるいは辞退しない限り継続される. 開園募集に対する応募者は約2倍の倍率だった. 利用者が管理を怠って放置する場合は管理委員会で利用者に一

旦連絡して，なお放置されている場合はセンターに利用権を返還することとなっているが，開園1年を経たなかで返還該当者は1名だけだった．雑草が生え過ぎたような場合に管理委員会から連絡を受けた該当者は2～3名あるが，速やかに是正され，利用者はみな熱心に取り組んでいる．利用者の年齢層は，30歳～60歳前後であり，特に定年前後が多い．

この地権者は14名の農家であり，生産調整水田をセンターが20年契約（建物用地は30年契約）期間で借りて，農村活性化住環境整備事業の一環として，埋め立て造園したものである．

農園の管理に当たっては，地元の地区代表者と利用者が一緒になって市民農園管理委員会を設け，近所の農家等の方々（9人）を頼んでの道路やのり面の雑草取り（時給700円）やJAの協力による栽培指導講習会，春秋の収穫祭（餅つき大会）等のイベントなど行っている．

振興センターでは，隣の向（むかい）原駅の近くに，さらに2 haの農地を

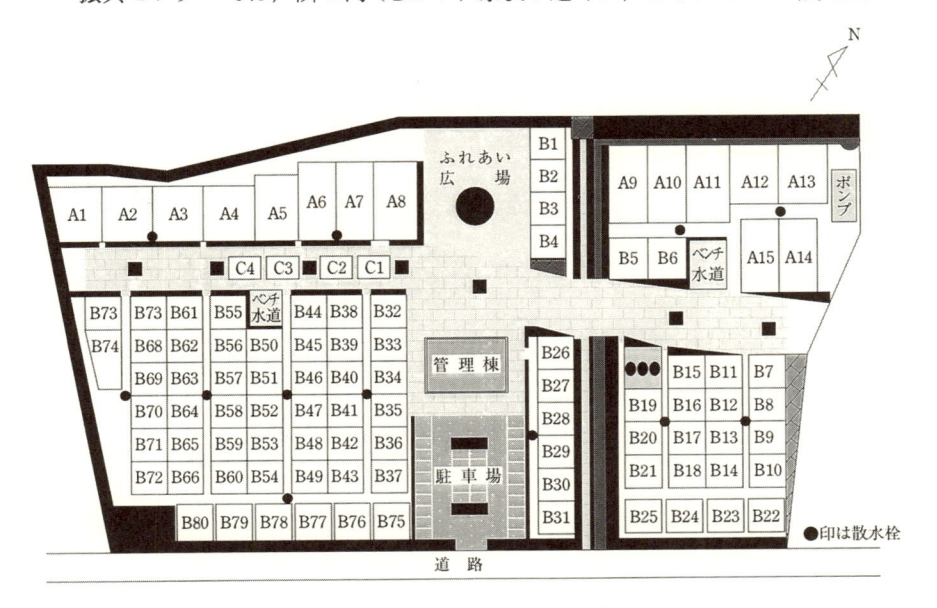

図4.2 広島市三田市民農園区画割図
（注）A区画は約100 m^2，B区画は約50 m^2，C区画はプランター型の区画です．

借りて，同様の市民農園の造成を計画中であり，2014年に開園予定である．

　遊休農地が増大しつつあるなかで，このような市民農園による活用方法は，農地の有効利用を進める市民農業の在り方の一つを示すものであり，今後さらに都市から遠い地域においても，解体する旧型自作小農（兼業農家を含む）が供給する農地の新しい管理システムの形成と相俟っての簡便で低廉な費用による，多様な市民農園の展開が期待される．　　　　　（笛木　昭）

第5章 中山間地域農業の持続性と地域複合経済の課題

―広島県三次市のケーススタディ―

5.1 課　　題

　我々の生命活動をはじめ，経済活動は生物圏における食物連鎖をはじめとする物質循環の下で成立している．したがって，農業生産活動もこれらの生態系を維持し，再生産を保障する限りにおいて持続可能となる．ところが，工農間の生産性格差の存在が，世界史的には農業経営規模の拡大と生産性の向上を求め総合的発展を阻害している．

　このため，経済効率を求めて専業化・分業化を追求し，生産性追求の結果，化学肥料や農薬の投入等により生態系に負荷を与えている．また，急速な経済成長により農業生産構造の再編を不整合としつつ，国際経済の枠組みに組み込まれながら一層矛盾を内攻させ，地域資源の活用を一面的とする経済構造を結果し，今日の環境保全型農業や持続型経済構造の課題を提起している．

　農業農村の機能には，国民経済成長のための食料や資本，労働力，土地供給の提供に留まらず，国民経済・社会の安定と持続的発展の基盤提供にある．わが国の中山間地域[i]では，国民経済におけるフロー追求の経済理論により，その効率性によって排除され，過疎問題をはじめ集落崩壊の危機にも当面し，問題を先鋭化させている．そのため，経済循環のみならず地域が賦存している資源の循環と生命系の再生産機能をも破壊する結果をも招いてい

---

[i] 中山間地域の地理的概念は，一般には農林統計に使用されている都市的地域（可住地面積の宅地率が60％以上でしかも人口密度が1 km^{2}当たり500人以上の地域），平地地域（耕地率20％以上で，森林率50％未満の地域）を除く，耕地率20％未満で，森林率50％以上の地域を指している．

る．この様なアンバランスな経済構造の招来は，わが国の国土，社会，経済政策に拠ってはいるが，その源には近代経済学における自然資本に関する価値理論の構築にさかのぼらなければならない[ii]．

近代経済学の始祖と言われるアダム・スミスも自然資本の経済学的評価について議論し，農業生産活動に関しても労働力と同様に価値を生み出すことを分析した．

また，リカード以降の経済学では，有限な自然を認識し，工業活動においても自然が関わっているとしてきたが，価値創出においては自然を豊かにする労働（生態維持型・循環型農業）も，小麦原料加工，化石燃料利用，工業活動等のごとく，自然を消費し，加工する労働も資本回転率において生産性が高く有利であるとした．したがって，労働と資本の投下によって無制限に商品生産を可能とする抽象的な価値生産追求の展開によって，質的拡大よりも量的拡大を求めた．こうして，産業革命，農業革命以降の近代経済の展開は，自然資本を無限の存在として，経済発展を抽象的価値の追求に特化し，自然資本を捨象した理論，すなわち比較優位論を展開してきた．したがって，新大陸の開拓にはじまる外延的拡大にみられるように，自然資本を無限に存在するとして経済発展を量的（flow）追求の拡大によって達成してきたと考える．

特に，わが国における戦後の経済成長は「人工的資本の拡大により物質的豊かさを追求してきた．特に，日本は自然資本の不特定多数に与える利益（外部経済）を尊重せず，これらは特定利益（企業，道路等）のために埋め立

[ii] 経済学理論における自然資本問題に関しては，ハンス・イムラー『経済学は自然をどうとらえてきたか』農文協1993年．また，宇沢弘文『宇沢弘文著作集Ⅰ，Ⅱ』岩波書店1994年の社会的共通資本の中で，玉野井芳郎『玉野井芳郎著作集1.2』学陽書房1990年，では生命系の経済学に向けてで議論している．さらに，中村修『なぜ経済学は自然を無限ととらえたか』日本経済評論社1996年，藤田泉「中山間地域農業の持続性と多面的機能」小野誠志編著『中山間地域農村の展開』筑波書房1997年等で議論されているし，梅原猛『共生と循環の哲学』小学館1996年，室田武他『循環の経済学』学陽書房1995年等で議論されているので参照していただきたい．

てられてきた．これは，土地利用を社会経済的厚生の増大として有効利用する制度がなかった」[iii]ことに由来する．こうして質（stock）[iv]を問わない生産性の追求がなされてきた．

　ところが，稲作を基盤とするアジアの農業生産活動は，自然資本の有限性を前提とし，さらに物質循環を保障することにより経済活動を持続させ，人口扶養力を高めてきたが，抽象的価値創出による量的拡大に関しては，自然資本を捨象した近代経済学の理論による工農間の生産性格差等において劣位におかれてきた．

　本章では，地域内の物資循環をより豊かにし，自然資本の持続性を保障しながら，質的豊かさを伴う地域経済構造の構築と自然資本の位置付けについての新たな命題を考察する事を基本的課題とし，大気，土壌，耕地，河川，湖沼，緑地等の自然資本の持続的利用形態の現状とその課題．行政，金融，保険，技術普及等の農家経営，地域経済を支える制度資本や情報，道路，水利等の社会資本の整備状況が地域複合農業，地域複合経済を再編し，地域内経済循環をより密度の高いものとした循環型経済構造への展開可能性について考察する．特に本章では自然資本に論点を絞り，広島県北の中核拠点である

[iii] 岩田規久男『ストック経済の構造』岩波書店 p. 241

[iv] ストック（資産）の範囲について，竹内啓 編の『統計学辞典』（東洋経済 1989年）では次のように解説している．
　（1）再生産可能有形資産【実物資産＝人工的資本】① 在庫，② 固定資産（建物，輸送機器，機械，器具，役畜）．
　（2）再生産不可能有形資産【自然資産＝自然資本】① 土地，② 林地及び森林，③ 地下資源及び採掘用地，④ 歴史的記念物．
　（3）非金融無形資産（特許権，著作権等）．
　（4）金融資産・負債 ① 現金通貨，② 各種預金，③ 株式，債権，④ その他．
なお，ストックの対象は広範囲であるため，どの項目を考慮するかについては分析の目的によって異なる．【】内は筆者追加．特に自然資本を，社会的共通資本として如何に評価するか，持続的経済構造を如何に評価するかが重要となる．
　また，ストックとは，ある時点での存在高を示し，フローとは時点と時点との取引高を示し，新たに作り出された付加価値の合計であり，この極大化を目指す経済構造である．そのための体制は大量生産，大量消費，大量廃棄型であり，資源枯渇をはじめ，今日の環境問題の原因ともなっている．

三次市の事例から分析する．

5.2 自然資本と循環型経済構造

(1) 自然資本と資源

　資本概念の定義は，経済学派の相違によって多様であるが，近代経済学においては基本的生産要素である土地(自然資源)，労働，資本である[v)]．また，経済学では生産に寄与する全ての要素を資源として定義しており，それは資本概念と同義となる．特に，土地 land は，地表ないし耕地だけでなく，財の生産，人間の必要物の充足に直接有用な，社会の自然資源の全てを意味する．例えば，土壌の肥沃土も，石油・石炭・天然ガス等の鉱物の埋蔵も，水力の提供も，それからその存在が人間活動に基づいていないすべての資源をも含む．

　資源は，自然資源 natural resources，文化的資源 cultural resources，人的資源 human resources，とに区分され，土地ないし自然資源と労働は本源的生産要素 original means of production とよばれ，生産手段としての資本と区別されている．さらに，自然資源とは「人間が，社会生活を維持向上させる源泉として働きかけの対象となりうる事物である．資源は物質あるいは有形なものに限らない．まして天然資源のみが資源なのではない．それは潜在的可能性を持ち，働きかけの方法によっては増大するし，減少もする流動的な内容をもっている．欲望や目的によって変化するもの」[vi)]で，具体的には次のように整理される．

(1) 潜在資源：(a) 気候的条件-降水，光，温度，風，潮流．
　　　　　　　(b) 地理的条件-地質，地勢，位置，陸水，海水．
　　　　　　　(c) 人間的条件-人口の分布と構成，活力，再生産力．
(2) 顕在資源：(a) 天然資源-生物資源と無生物資源．
　　　　　　　(b) 文化的資源-資本，技術，技能，制度，組織．

[v)] 熊谷尚夫 他編『経済学大事典』東洋経済 1988 年 p. 181
[vi)] 『同上』p. 10

(c) 人的資源（人間資源）-労働力，士気.

　自然資源の対象と範囲は，第一に，人間となんらかのかかわり合いをもつ経済資源 economic resources である．すなわち，人間の働きかけの対象となり，ないし，人間に反作用を及ぼす限りにおいての希少性をもつ自然資源が具体的対象となる．しかも，この自然資源の対象と範囲が，技術変化や経済活動の進展によって大きく変化していく可能性が存在している．第二に，なにが自然資源であるかを明確に具体的に定義することは困難であり，特に自然資源を資本等の文化的資源と区別することは実際には不可能に近い．たとえば，自然資源が費用のかかる探査の結果として獲得されたとすれば，資本とどう区別するかを明示することは困難である．第三に，自然資源の概念自体が時代の大きな流れとともに変化しており，その時々の社会・経済の要請に応じて，対象が規定されてきた．農業中心であった時代には土地と水資源が最も重要な資源であった．それぞれの時代において生産と経済活動の担い手となっている部門で特に必要とされる自然資源に関心が集中され，それが主要な対象ないし範囲を形成している[vii]．

　以上のように，資本と資源を明確に区分して定義することは不可能であり，本章では自然資本として用いる．

　ところで，この自然資本を経済学はどのように議論してきたのであろうか．この問題については，ハンス・イムラーが精ちな考証をしている[viii]．

　氏は，18世紀に始まる産業革命の工業化以前における労働と自然の経済学的関係から検証を行っている．すなわち，使用価値と交換価値がいかなる理論展開から分裂していったのかをアリストテレスの経済的価値分析から始め，ウイリアム・ペティまで検証する．その後，経済学の古典に特徴を与えたジョン・ロック，アダム・スミス，ディヴィッド・リカードウの価値体系，さらに，カール・マルクスとマルクス主義経済学における経済学的自然理解

[vii] 熊谷尚夫 他編『経済学大事典』東洋経済 1988年 p. 181
[viii] ハンス・イムラー『経済学は自然をどうとらえてきたか』訳・栗山純　農文協 1997年

まで分析している．これらの詳細については，同書または，章末の注に示した各文献を参照していただきたい．ここでは氏の結論部分のみを要約し，問題指摘に止める．

体系的科学的経済学は，工業の初期的水準での社会的生産諸力の発展とともに始まったのであるが，労働と自然は科学的経済学では最初から全く異なった見方と異なった取り扱いをされ，労働と自然の統一からではなく，両者の分裂から出発した．そして，工業的生産様式のもとで，経済理論と経済的実践の中心に労働を置いてきた．

科学的経済学は，はじめから自然を交換経済の観点から考察してきた．交換価値経済の絶対的な前提は，総じて商品であり，商品として交換されるという生産物，物体，力あるいは性質が持っている力能である．何かある物は商品としてのみ交換価値を受け取ることができる．それゆえ商品であり，交換価値を有するためには，個人にとって何かある効用を持っているというだけでは十分ではなく，加えて私的に取得され，個人的に所有され，そして個人と個人との間で交換されるという力能がなければならない．このため，これが物象的な自然と交換価値との間の第一の根本的な矛盾となる．物象的な自然は，交換価値によって規定される合理性が求められるこれらの属性を，限定的にしか受け入れえない．こうして，交換価値経済は社会的価値の生産のために，一方ではすべての物象的自然を使用するが，しかし他方では，この自然の一部分のみがその価値体系によって把握されうるにすぎない．それゆえ，定義上，物象的な自然の全体性と交換価値経済の合理性との間には深い分裂が存在している．

したがって，経済理論の中では，自然は単なる生産条件の意味しか持たず，それは最初から客体的なものであり，工業的生産様式に従属させ，自然の障壁を乗り越えようとしてきた．同時に，工業的生産様式のもとでは，自然は労働の生産的パートナーとは見なされず，加工され，自己のものとすべき素材であると見なされている．

人間労働は，価値の増殖，生産諸力の上昇，人間繁栄の原因であるとして，経済的価値形成に関するたいていの古典的学説は人間労働力に基礎を置いて

5.2 自然資本と循環型経済構造

いる．これに対して古典経済学においては自然は概して独自の経済学範ちゅうとしては存在しない．人間の物象的環境は単に前提されているにすぎず，それゆえ物象的環境は固有の経済的ないし経済学的分析を必要としない．このような経済学の古典を継承する中でその後形成されてくる諸理論（新古典学派）も，自然に対するこの基本姿勢をかえておらず，科学的経済学の成立から今日に至るまで，自然は概念的に経済理論の外に置かれてきたとする．

経済学が物象的な自然 physischen Natur に向かい合う場合の問題は，生産と消費においては確実に全自然が利用されるのに，この自然の一部分しか社会的・経済的に評価されないということ，そしてそのことが，自然に関する理解とはなんらの関係もなく，逆に自然 Physis と著しい矛盾に陥るかもしれない選択基準によってなされるということの中に存在している．つまり経済的実践はそのいっさいの行為において自然を使用し，わがものとするのであるが，経済的実践はこれをせいぜい自然からの何かを切り取ってくるようなことであると解釈するのである．したがって，第一に，実際に存在している労働と自然の緊密な関係は断ち切られているように見えるのであり，第二に，自然は自然として，つまり自然全体において経済的に把握されないままであるのだから，すべての工業社会においては著しく矛盾した生産行動と消費行動が現れる．すなわち一方では物象的な自然はすべての生命と全ての富の広大な源泉であり，他方では，労働は生命と進歩のこの源泉を根底から破壊しているのであるとする．

交換価値の中に一つの商品の他の商品に対する量的関係が表示される．だが，このことは単に共通の量的尺度を必要とするだけではなく，究極的には商品の中に保有されているすべての質的属性が，抽象的な量に還元されなければならない．したがって，交換価値経済はいずれも，質的属性は交換の過程で量的・抽象的価値表現を得ることができることを不可欠の前提としている．しかし，そのように前提することによって，自然と交換価値との間に新たな矛盾が存在することになる．物象的な自然の中にも量が存在していることは当然のことであるが，自然の単なる量への還元は自然が持っているさまざまな質の喪失をともなう．自然は質的・具体的属性を有しているというこ

とが，物象的自然の本質である．交換価値と自然との対立の中に，数量で表示される抽象的な概念と質的な自然 physis との間の矛盾が現れてくることが明らかになる．

自然資源は，経済的・物象的な再生産過程の枠内においては，短期間に再生産されうる自然に比べて，過小に評価されることが往々にしてある．水や空気の質，土壌の肥沃土，森林量，食料備蓄等々がこれに数えられる．これらの資源は破壊されることがない生産の前提であると見なされるが，これは間違った見方である．今日，支配的な工業的・資本主義的生産体制，および工業的・社会主義的生産体制のいずれも社会の生産された富を，自然の生産諸力の消費において認識し，その保持と拡大において認識しないという社会的生産に対する根本的に新しい見方が隠されている．

すなわち，科学的経済学は交換価値の概念を展開してきたため，人間の物象的環境である自然を量的抽象的概念に置き換えることによって自然の一部分しか社会的・経済的に評価し得なかったと指摘している．こうして，古典経済学にはじまる経済理論は，自然の価値を意識しながらも，科学的経済学理論の展開上，抽象的な価値生産を展開することによって，自然の一面的価値評価を行い自然は無限に存在し，再生産をはじめ拡大再生産によって経済成長が永久に続くことが前提にされたと分析している．

（2）持続可能性と循環型経済構造

動物，植物，微生物などの生命体は，大気循環，水循環，生態系循環，養分循環という自然循環のなかで，太陽エネルギーを主とする外部からのエネルギー供給によって物質循環のバランスを維持し，生命を存続させている．

また，地球において種々の物質が人間の存否にかかわりなく循環している．水の蒸散，上昇気流，海水の湧昇，海流などのように重力に逆らって下から上に押し上げられて移動する物理的力，鳥や動物などの生物活動，水や大気循環に限らず，炭素をはじめとするさまざまな物質もまた，循環を繰り返している．

それらに加え，人間が生存のために行う農業や漁業活動なども物質循環を可能にしているのであり，人間はその物質循環を破壊することもしている

5.2 自然資本と循環型経済構造

が，逆にそれを回復し，豊かにしていることもある[ix]．

もし人間社会の経済循環がこうした物質循環の一部分を構成するような方向で展開されるならば，持続的発展の可能性[x]が考えられるが，現状は市場原理によるボーダレスな経済活動によって，石油や鉱石をはじめとする自然資源を経済活動の下で急ピッチで採掘して消費し続けており，物質循環を破壊する結果をもたらし，今日の環境問題や外部経済問題を惹起させている．

自然循環，持続可能性を重視する社会における経済構造では，生命の再生産を保障し得る農業生産が重要な役割を果たすことになると考えられる．経済構造における農業部門の位置づけがどのような割合にあるべきかはそれぞれの自然資本の賦存によって異なるが，可能な限りその地域[xi]で生命の再生産と地域住民の食料が自給される構造を追求していくことが望まれる．

また，持続性の面では，水田は大量の水を使用することで，不要なミネラル分等を流し出し，連作障害から免れる．しかも，山から雨に溶けた肥料分が流れ込むため無肥料でもある程度の収量を確保でき連作可能となる．これに対し，近代化に伴う大規模化された畑では，土壌流出，灌漑による塩類集積などで農地そのものが破壊されている．さらに，畑作は連作障害を起こ

[ix] 室田武 他編『循環の経済学』学陽書房 1995年 p.50

[x] 持続可能な発展 Sustainaable Development とは，国連において 1984 年から 3 年間かけてまとめられた国連環境開発委員会（ブルントラント委員会）「われら共有の未来 Our Common Future」と，その後の 1992 年の「環境と開発に関する国連会議（地球サミット）」によって定義され，「将来の世代が自らの欲求を充足する能力を損なうことなく，今日の世代の欲求を満たすこと」としている．

[xi] 地域とは，『21世紀の国土のグランドデザイン戦略推進指針』国土庁 平成11年の4つの戦略 ① 多自然居住地域の創造，② 大都市のリノベーション，③ 地域連携軸の展開，④ 広域国際交流圏の形成の ① に近い．多自然居住地域の圏域形成は，基本的には市町村の自由意志で決定されるものであり，地域の生活圏としての基盤の確立や地域の個性を生かして，独創的な地域作りを実現することを基本として形成されることが重要である．従って，画一的な基準で連携の範囲を定めるのではなく，流域等の地理的・社会的条件，歴史的背景等の地域の特性や各市町村相互の機能分担，連携の必要性に加え，交通基盤の整備状況や情報ネットワーク化の状況等も考慮しながら効果的かつ効率的な圏域形成に努める必要がある．p.10

し，しかも販売目的の畑作であれば，農産物は商品として運び出される一方で，土の中の物質を喪失する．これを補うのが化学肥料の使用となる[xii]．

中山間地域における水稲栽培の生態的合理性は，地理的，自然循環からも優位性を持つのであるが，今日の経済合理性からは劣位におかれている．しかし，世界規模で農業における持続性の重要性が見直され，非持続的な近代農業から，持続的な農業への転換が取り組まれていることは，それぞれの地域に賦存する自然資本の有効利用を再構築していくことを求めているのである．こうして，農業の持つ生態学的合理性と科学技術の発展による新しい農業システムの構築が必要となっている．

中山間地域は，市場原理を追求するための生産諸条件は極めて不利な地理的制約条件を持つために，今日の比較優位説による効率性からは劣位におかれ，経済活動の場から徐々に後退を余儀なくされている．こうして，中山間地域では，主要産業であった農林業をはじめとする経済活動の手法が見いだせず，就業構造問題や生活環境，教育，文化，さらに人口減少と高齢化による集落維持機能，国土保全機能などさまざまな問題を抱え，ますます不利な諸条件を克服できずにいる．

しかしながら，これらの地域は既述したように，食物連鎖を保障する自然資本の豊かな地域であり，物質循環の源泉地域である．したがって，これらの地域は生命系の持続性を保障するとともに，人間社会の生産構造の土台を提供している地域である．農林業は，これらの自然資本の維持を前提とした経済活動であり，これら自然資本に直接働きかけて生命存続に必要な財を得ているのである．したがって，これらの地域では，平坦地あるいは欧米に見られるごとく規模の経済追求による少品種多量生産の生産構造よりも，地理的条件を活かした多品種少量生産により，物質循環をより濃密にした経済構造が求められる．

本来，経済的に自立した地域社会で生活しているとするなら，そこでの経済循環はおよそ次のようになるという[xiii]．

[xii] 室田武 他編『前出』
[xiii] 『同上』pp. 231～232

5.2 自然資本と循環型経済構造

まず，地域内で調達可能な財，サービスは極力，地域内で生産される．そしてそれらは地域内で消費され，廃棄される．この限りにおいて，経済循環は物質循環を含めて地域内で完結している．次に，地域で生産された財・サービスの内，地域内で消費しきれない余剰部分が地域外に移出される．販売代金を外貨で受け取れば，それは地域内で自給できない財・サービスを地域外から移入するときの購買代金として蓄積される．地域経済が日本の国民経済と同じように加工貿易型経済構造を選択しようとすると立地条件の制約を受けて，成功する地域と失敗する地域の差が歴然と現れる．いわゆる過疎地域は，地域資源の流失・枯渇という事態を回避できない．しかし，個々の地域が地域経済の循環を高める方向で地域資源の活用を図るならば，他地域の追随を許さないような独自の経済を築け，結果的にその地域固有の特産品も生み出せる．地域には固有の風土があり，立地条件があり，すべての地域が同じような経済構造を持つのは不可能であるとする[xiv]．これを概念的に示すと図5.1のようになる．

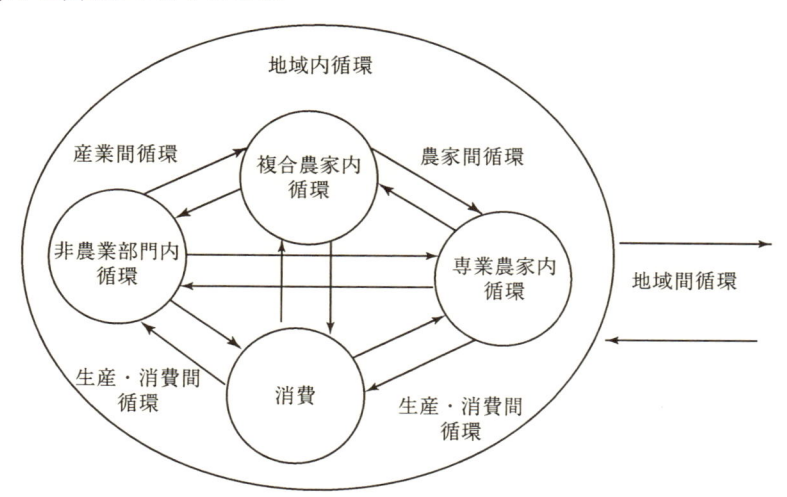

図 5.1 地域複合経済構造の物質循環模式図（藤田原図）

[xiv] 藤田泉「中山間地域農業の持続性と多面的機能」『中山間地域農村の展開』筑波書房 1977年 pp. 160〜161

以上のように，地域内の物質循環を濃密にするためには，従来型の経済成長政策，すなわち，大量生産，大量消費型の経済システムによる一定期間内に新たに作り出された付加価値の合計によるフロー重視の経済政策から，ストック重視の経済政策への移行が必要となる．経済活動の範囲は，地域内経済循環を主としながらも，市場原理により地域外への流出および地域外からの流入が活発となる．したがって，流入，流出を活発にさせながらも，それらを地域内部へ滞留させる手法，仕組みを構築する事が課題となる．

 地域経済構造は，可能な限り，地域に賦存している資源を有効利用し，諸資源を地域内でより密度の高い物質循環を行う．また，地域内の経済構造は，自然資本の有効利用を主とする第1次産業，それに国民生活に必要となる第2次，第3次産業等の高次産業を可能な限り組み合わせた複合経済構造を基本とする．第一次産業である農業構造は，当然ながら自然資本の有限性と特徴を捉えた，地域複合農業を基幹とし，それらを付加値の高い産業へと再編しつつ，地域内外との連携による経済構造の複合化を目指す．この結果，居住環境も「多自然居住地域」としての創造性の実現が可能となり，わが国の2010～2015年に向けた全国総合開発計画の理念とも一致する[xv]．また，これを実現するための経済理論の確立も必要となる．

 すでに，わが国は金融，資産，道路，鉄道等の社会資本や資本設備に関してある程度蓄積した成熟社会を迎えている．資源の有効利用をはじめ，環境問題の解決，持続的成長を求めるためにも蓄積してきたストックの有効活用と，それを重視した経済システムの構築が必要となっている．これにより，消費生活の質を高め，環境を保全し，資源の有効活用を促進した適正生産をはじめ資源循環型の経済構造への質的転換を求めることになろう．

5.3 地域複合経済循環構造の構築と持続性の課題

(1) 有機栽培農家の物質循環と持続性

 広島県三次市は，県北に位置し，岡山，鳥取，島根の県境にある．地理的に

[xv] 国土庁計画・調整局編『21世紀の国土のグランドデザイン－戦略推進指針』大蔵省印刷局 1999年

5.3 地域複合経済循環構造の構築と持続性の課題

は中国地方の中央部に位置し，標高800～900mの中国背梁山脈の一部に150m～250mの北高南低の三次盆地を形成し，三つの河川が合流する水利条件の恵まれた地形にある．年降雨量は，1523mm，年平均気温は12～14℃で冷涼であり，秋期の霧の発生で日照時間が少ない．道路網は4本の国道と中国自動車道が接続し，広島市からは1時間半，関西と北九州方面に各4時間の位置にあり，山陰と山陽を結ぶ中継基地として経済，文化の中枢的機能を担っている．また，広島県北経済圏の中核都市としての位置付けにある．

1997年の地域総生産額1410億円余りで，第1次産業は32億円余りの2.3%を占め，農業生産額は27億円で1.9%を占めている．ちなみに第2次産業は27.7%，第3次産業は74.3%を占め，地域の経済構造は高次産業化へと変容しつつある．

1995年の総人口は39844人，世帯数13616戸で，第1次産業就業人口12.7%，第2次産業27.5%，第3次産業59.4%である．農家戸数は3163戸，うち専業農家590戸で，18.7%，第1種兼業農家275戸で，8.7%，第2種兼業農家は2298戸，72.7%．また，65歳以上の農家人口割合29.5%であり，高齢割合の高い小規模零細経営を特徴とする．

総耕地面積は3332ha，販売農家の収穫耕地面積は，2025ha（うち稲1777，麦類2，豆類30，野菜類34，果樹23，飼料用作物123等）である．

竹炭農法による物質循環型農業経営を追求している農家は，市中心部から東南へ15kmの上田町にあり，世羅西町と三和町に接する市内最高峰638mの岡田山の裾野にある．町の農家戸数96戸のうち26%が独居老人という過疎地域であるが，通年の観光農業や新規就農者も活動する比較的営農活動の活発な地域でもある．

T集落は，標高400m～500mで，直接支払いの対象となる典型的な中山間地域であり，多くの中山間地域で見られる耕作放棄地も増加している．集落は5戸のうち2戸が空き家となり，鳥獣害被害も大きく，耕作放棄地の維持管理も集落存続を左右する．

ここで，竹や茅の里山の資源とカキ殻による海の資源，それに和牛の堆き

ゅう肥を加えた地域資源の循環利用による持続型農法を追求した複合農業経営が行われている．

竹広博昭氏の家族は，本人夫妻，母親，長男夫妻，孫の6人家族．経営者は1998年にJAを退職した専業で，年間就業日数約200日．夫人は市内就業し，長男は会社勤務のため，農繁期以外は就農しない．また，長男の夫人は音楽家として県内で活動をしており，長女も非農業就業のため，労働力は経営者1人．

竹広氏と長男は地元の神楽団員として，地域の文化活動の中心的存在であり，さらに，経営者は地域内の役員等を引き受ける地域リーダーとしての活動も多忙である．

経営は，水田1.6 ha，牧草地1.2 ha，普通畑4 aに繁殖用和牛6頭を飼育する有畜複合農業で，水稲の純収入150万円と繁殖肉牛の純収入50万円の合計200万円．ちなみに繁殖肉牛の1頭当たり粗収益は40万円となるが，稲わら，雑草等の粗飼料は稲作経営のへの経費支出として処理されている．この他，採草地80 aを年間4万円の地代で貸し付けている．

肉牛飼育は1981年に「肉用牛集約生産基地育成事業」により2戸の共同経営で10頭から始めたが，共同経営者が3年後に逝去されたため，それ以降1農家で6頭飼育している．この飼養頭数は，粗飼料確保をはじめ水田面積と堆きゅう肥確保，労働力等の諸条件から増減はしない．

水稲は10 a当たりコシヒカリを480 kg生産し，はぜ掛け天日乾燥を行った後，自家精米・袋詰め後，口コミによる直販が主な販路形体となっている．単収増は可能であるが，有機栽培による良質米の追求と耕地面積，労働力からの物質循環を考慮して量的追求は避けている．

この有機農法は，竹広氏が40歳を機に食糧の安全性と健康な生活を追求することから竹炭，木炭，肉牛堆肥による畜産と水稲を主体とし，それに森林，里山の資源も利用した有畜有機複合農法として始めた．

まず第一に，里山の雑草となる茅を採草し，牛舎に敷き料として利用する．同時に裁断して水田にも鋤込む．また，稲わらと周辺の耕作放棄地の雑草，山の下草は貴重な粗飼料となる．これに和牛の糞尿による堆肥生産を行う．

こうして森林と里山，国土保全が保障されると同時に米作生産活動に連動する．また，牛舎には消毒用として石灰を散布し，これも土壌改良材となる．

　第二に，堆肥小屋では，冬季に里山で蔓延る竹を炭とし，積み出した堆肥の上に散布し，これを繰り返す．堆肥と竹炭はサンドイッチ状に堆積し，6カ月間発酵させる．原料となる竹は，家屋周辺はもとより，近年では高齢農家周辺や集落維持のために伐採されて処分難となっている他地域の竹を1tトラック千円程度で購入もしている．これら竹炭生産は11月～3月の間に，35tほどの原料が持ち込まれ7t程度生産をする．これにより，地域資源の再生産力を農業生産に循環させる．この堆肥は，竹炭による殺菌作用により悪臭と害虫の発生も抑える．

　第三に，生産した竹炭のみでは不足するため，冬季に別途，12 ha の私有林の間伐材と，用材の残木を利用して木炭を生産する．これにより，里山と森林管理に手が届き，持続性を保障し，自然資本のストックを拡大する．

　第四に，竹炭と木炭製造時の竹酢と木酢も採取し，この希釈液を米ぬかとともに，田植え後水田に散布する．この遮光により防虫，防草効果をもたらす．また，畑にも散布し，自給用野菜の有機無農薬栽培を可能とする．これらにより農薬使用を回避し，稲熱病の発生も抑制でき，除草の労働力投下を軽減する．

　第五に，竹炭堆肥は水田 10 a 当たり 3 t と，カキ殻 100 kg，裁断茅を原料とするケイ酸を 260 kg 投入する．これにより，土壌改良とともに里山および瀬戸内海の資源循環を担う．

　第六に，里山で蔓延った茅，竹の伐採後は和牛の放牧地となり採草地の確保と棚田維持，それに家屋周囲の景観を維持する．こうして森林をも加味した自然の再生力を活用した複合農業の資源循環型とした経営が行われている．

　今日既に有効利用されなくなった里山の竹，茅等の資源とカキ殻等の海の資源の循環利用を目指した持続型農法が中山間地域で米生産に結びつく．複合農業による物質循環を見事に実現した農法の成立である．同時に，良質米の生産とカルシウム分豊富な稲わら，雑草と里山放牧が健康な和牛生産に連

動する．この結果，良質農産物の差別化が行われ，市場評価と信頼性，経営の質的拡大をもたらす．

経営者は，良質な食糧生産追求に誇りを持つと同時に，楽しみながら生産活動をしており，経営内容には多様な工夫が見られる．特に，農業経営には，か（管理），き（記録），く（工夫），け（研究），こ（行動）が必要と説く．

ただし，これら資源循環型複合農業は，個人的な営農活動に終わっている．地域全体としての営農形体として展開していない．個人的な対応能力を超えた販売手法をはじめ，技術普及等の組織的対応が待たれている．

有機農業による食の安全性を追求し，持続性の高い農業生産活動の必要性は，生産者，消費者のみならず誰でもが認めるところであるが，実施難とさせるのは労働力確保の問題である．すなわち，フロー追求型の経済効率により，非農業部門との資本・労働・土地生産性の格差の存在である．これがストックの拡大や質的追求を隠蔽し，いわゆる経済性として現れないため，他農家の意志決定までには及ばない．

経済学上，自然資本の持続性の評価とストック型経済構造の理論的整理の遅れと共に，従前の経済理論による労働生産性の追求により，比較劣位となり量的評価に留まっているためである．また，社会資本への制度的不対応問題も，生産現場で個人負担となり重荷になっている．

地域としての取り組みや，それをサポートする組織体のストック型経済構造への共通概念が醸成されていないことも大きな要因となる．これらの諸要因が個人的問題意識を個別経営の内部に押しとどめ，地域的展開に連動しないことに最大の課題がある．個人的実践例が，ストック拡大への突破口となるための理論の展開と制度の充実が求められている．

（2）地域複合経済構造構築の課題
　　　　―広島三次ワイナリーを事例として―

1）ブドウ生産団地にみる複合経済構造の基盤構築

三次市中心部より南に6kmの所に，県農業基盤整備事業として，1975年から山林47.9 ha の県営農地開発事業がおこなわれた．これを契機に，1974年に21戸が7200万円を平等出資した農事組合法人三次ピオーネ生産組合

が設立された．新規開墾事業のため組合員は市内に点在しており，地縁関係が薄く，樹園地までの通勤耕作である．

生産団地は強粘土で透水性が悪いため農地開発事業の基準に，さらに自己資金で追加した基盤整備をし，土壌改良に多量のバーク堆肥を投入し，技術改良に取り組んだ．

土壌改良では，まず深層改良として1977年から79年にかけて，樹皮を10a当たり12t，石灰220kg，溶リン110kgを投入し，1980年以降は毎年2tの完熟堆肥を投入している．また，表層改良には，1975年以降毎年樹皮堆肥を4～6t投入し，徹底した土壌改良を行い，優良土壌が優良品種を作るとしたブランド化の基礎を築いた．

ただし，これら土壌改良に要するバーク堆肥は，一部が地域資源の循環促進として，後述する三次堆肥センターから供給されるが，ブドウ生産への質的問題により他地域からの供給を主としている．三次市は森林総面積17407haという恵まれた資源を持ちながら，経済組織体の違いにより連携関係が不十分となり，地域内で必要とする技術改善が粗放となって，大規模事業における森林経営と農業生産の有機的連動を薄弱とし，自然資本のストック拡大となる土壌改良活動に活かしきれない結果となっている．

また，ブドウ生産技術に関しては，組合全員が稲作農家のため，全くの未経験者であった．このため，導入作物の決定は，行政，農協，農業者代表，県農林事務所等で構成する，三次市農林業振興対策協議会が決定し，技術・営農指導は県および市と農協が中心となった．

組合員の熱心な技術修得と研究活動により，ピオーネという栽培品種の均一化と高規格化，それに販売戦略により，三次ピオーネのブランド化を成し遂げた．これら生産組合の成功は地域活性化，農業振興政策の展開上重要な役割を担っている．

設立当初の植栽面積は，ピオーネ11.8haから始まった．これが1995年には，35.6haとなり現在に至っている．現在は，ピオーネ29.4ha，デラウェア0.6ha，ベリーA5.6haとなり，1999年の生産量は570t，販売額は7.2億円であった．主な出荷ルートは，品種によって異なるがワイナリーへの原

料供給も含め農協出荷が約70％，その他は直売等である．また，市場は広島が約80％，その他は大阪，四国であり，地域ブランドを活かした販売活動となっている．

　ピオーネ生産組合の販売額は1993年までは拡大化傾向にあるが，その後は数量の拡大化よりも質的拡大と経営の安定化方針を打ち出し，2000年の計画では生産量509 t，6.8億円余りの計画となっている．これには，後継者育成や老木樹の改植を行い，高位均一化をさらに進め，施設の補強を強めて天災への抵抗力を強め，持続的安定性を打ち出している．

　これらの生産活動では，地域への就業機会の提供でも貢献しており，1999年の臨時雇用は延べで13500余人，支払賃金は74百万余円であった．また常雇賃金は19百万円で，合計93百万円の支払額となり，地域貢献も大きい．さらに，ブドウ生産団地の成功が初等教育から高等教育の学習の場や，発展途上国からの技術研修の場ともなり，地域活性化と文化発展の中核的存在ともなっている．

　この生産組合の成功は，周辺地域へも好影響を与え，隣町にも生産団地を造成させている．これらの原料生産が高付加価値の追求と地域複合農業，地域複合経済化へと展開し，交流人口の拡大をも目指したワイナリー構想へと展開している．

2）集団経済組織と循環型農業の課題—三次堆肥センターの事例—

　三次農協堆肥センターは，1981年度畜産複合地域環境対策事業として，総事業費6000万円で実施された．これらの施設は三次農業協同組合の資産に計上され，営農経済部の直轄事業として運営されている．

　事業実施構想は，1965年時からの自立農家育成を目指して，肉用牛の肥育事業の拡大等および，1980年から5カ年間の肉用牛一貫生産体系による生産団地化を進めてきた．これら個別経営体の規模拡大により糞尿排泄量が経営体内での草地等への還元に限界が現れ，畜産公害への対応が迫られたことにより計画化が行われた．堆肥センターは農協の肥育牛センターに併設されており，肥育牛センターの臨時雇用者2名が堆肥センターの生産と管理を兼務している．これらの販売先は主に，三次ピオーネ生産組合を中心とする大

5.3 地域複合経済循環構造の構築と持続性の課題

型営農団地や野菜畑団地，草地等の150 ha である．

計画当初，堆肥の原料となる肥育牛の糞尿は肥育牛地区の2カ所，計370頭分，1日当たり14.8 t，年間3718 t の堆肥生産計画であった．1地区の主要農家が1988年に廃業したため，農協の肥育牛センターの150〜160頭分と合わせて200頭分を処理している．堆肥材料は，牛糞55 %，尿25 %，オガクズ15 %，樹皮5 %のバーク堆肥．1999年の堆肥販売は1800 t で900万円の収入で，配送費を除くと堆肥センター自体の収支は均衡している．なお，堆肥生産工程は図5.2に示したとおりである．

1991年の牛肉輸入自由化以降，肉牛生産は減少化傾向にあるが，一方では畜産経営の大規模化により経営の生き残り策が追求されている．また，国は，堆きゅう肥の有効利用により土壌改善を行い，畜産公害対策や資源循環型社会への移行を目指すために「家畜排泄物管理の適正化及び利用の促進に関する法律」を制定し，廃棄物処理法等の成立による資源循環型社会への整合性を求め，農業の持続的発展の促進策を打ち出している．

堆肥センターで生産された堆肥は，三次農協の草地や肥育牛農家の耕地，それに三次ピオーネ生産組合等の150 ha へ供給し，ほぼバランスを維持している．しかし，近年転作作物の拡大，特に，アスパラガス，ピーマン生産

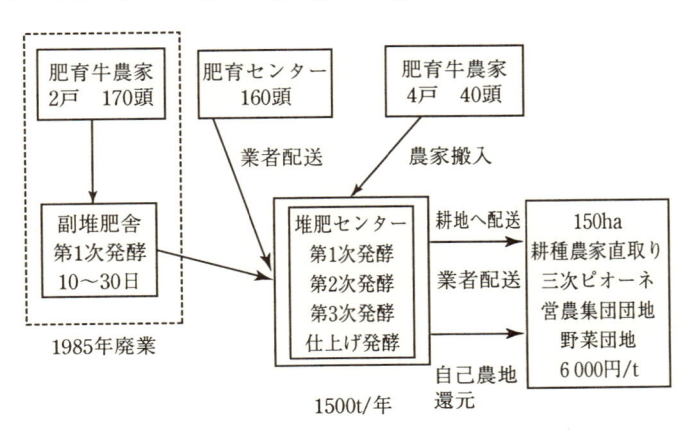

図5.2 三次農協堆肥センター生産行程
資料：三次農業協同組合資料に加筆

の拡大により不足も発生する．この場合は，近隣町村からの原料導入も行われ，供給安定を図っている．ただし，前述したようにブドウ生産用の果樹園には質的改良が求められており，必ずしも地域の特産物生産に直結できない質的問題もある．地域資源活用には，用途別の技術改善が求められており，それらへの対応は組織的にせざるを得ない．

　三次農協管内では，この他にも行政単位でそれぞれ酪農，チーク，もみ殻等の原料による堆肥センターが運営されており，各地域内の生産と消費が行われ，有機質肥料の循環構造の基礎づくりが行われている．しかし，現状では大家畜への取り組みを中心としており，法律制定に見られるように，養豚，養鶏の中小家畜に関しても資源循環による有効利用が求められており組織的に対応が迫られている．特に養豚に関し，水稲との有機的連携の可能性の追求は，水稲主体のアジアの複合農業にとっては重要な課題となる．

　また，中山間地域などでは経営者の高齢化に伴い，畜産廃棄物処理の困難が生じている．このため，地域内の資源利用に関して，ますます組織的対応が求められ，物質循環の地域構造の再編と，配置計画が必要となっている．この場合，従来の組織内対応のみではなく，行政単位を越えた取り組みや，森林組合等既存組織，消費者との総合的取り組みによる地域資源の物質循環の再編が必要となる．

3）**地域複合経済の中核機能の育成―三次ワイナリーの事例―**

　三次市は，1961年の農業基本法制定当時から，稲作依存型農業から畜産，果樹を導入した複合農業経営を農政の柱として展開してきた．果樹生産では，1964年にブドウ農家8戸，5 haによる農事組合法人の設立を手始めに，三次ピオーネ生産組合の設立等による産地化を展開してきている．これらを基礎とし，1986年には第一次産業から第三次産業を有機的に結合して，高付加価値増大による高収益農業の確立と農村住環境整備による農村文化の高揚を図ることを目的として，1991年に株式会社広島三次ワイナリーを設立した．

　ワイナリーは，三次市，三次農協，観光協会所属の市内企業22社・44団体による第三セクター方式である．資本金2億5400万円は農協やブドウ生産

者等の農業生産者が52％，残り48％を行政と市内企業が出資した．事業は，国庫補助を受けて農業農村活性化農業構造改善事業として行われ，用地取得費を除く事業費7億2千万円であった．

また，このワイナリーは，みよし農村公園整備事業の一貫として位置付けられ，2.9 ha の面積に総事業費15億5千万円として取り組まれた．

この農村公園整備事業は，①「味わいの里づくり」として，地域の農産物資源の活用，高付加価値農業の確立．②「ふれあいの里づくり」として，就業機会の拡大と定住促進，都市農村交流促進．③「ゆとりの里づくり」として，農村文化の発掘と伝承，イベントによる活性化の3項目を主要な事業目的としている．

三項目の主要事業には，5施設が対象となり，地域活性化の総合化がはかられた．第一は，農畜産物処理加工施設としてのワイン工場である．第二は，食材供給施設としてのバーベキューハウスで，事業費1.1億円．第三は，各種文化交流活動を行える文化交流館で，事業費1.4億円．第4は公園整備事業で1.4億円．第5に伝統技術伝承の場を提供する農村体験館で，2200万円であった．

これら農村公園を総合整備することにより，新規就労者による若者の定住促進，高齢者能力の活用，都市農村交流による人材育成や新しい地域文化の創造をはかり，人口減少化傾向にある中山間地域の活性化拠点としての位置付けを与えている．

1991年の会社設立当時のワイン専用原料は，3農家，4.9 ha の専用圃場でシャルドネ，セミヨン，メルローの栽培から始まった．1998年にはこれらの3品種で130 t の供給を行っている．当然ながら，原料供給はこれらの品種だけでは不足する．1999年時のワイナリーへの原料供給は，ピオーネ，ベリーA，デラウェアも含め，49農家・組合の 54.5 ha から74 t，それにワイン専用圃場から88 t，合計162 t が供給されている．

三次ワイナリーへの原料供給は，三次ピオーネ生産組合が72％，三良坂ピオーネ生産組合が19％，他は個別農家となり，産地化政策が地域経済の中核的存在の一角を占めるまでに成長している．

ワイン原料の供給推移を1994年の59tを100とする指数で見ると,1995年には71.5ポイント増,1997年には130.8ポイントと急増し,1999年の172.8ポイントへと拡大した.また,消費者となるワイナリーへの入場者数は,1994年の39万人から1998年には46万人へと増加したが,1999年には前年を6万人余り減少し再び39万人台となった.したがって,ワイナリー全体の総収益も前年を下回り,経営計画の再構築を余儀なくされている.こうした状況下でワインの原料供給も,従来の量的確保から質的転換を迫られており,2000年計画では前年比26.6ポイント減の119tへと下方修正している.

ワイナリーの総収益は,1994年の8億円から1998年に10億円のピークを迎えたが,翌年には8.9億円へと減少した.特に,総収益から総費用を引いた,差し引き利益が1996年以降一貫して減少している.入場者数やワイン販売量の増加推移に比べ,収益性への対策が課題となっている.販売部門では,バーベキュー課の売り上げが開園以来一貫して減少している.これらの要因分析は総合的に行わなければならないが,まずは,レストランのメニューが広島牛を中心としたバーベキューに特化しており,消費者ニーズに合致していないことなども考えられる.

事業自体,農村公園整備として総合化を進めたにもかかわらず,施設周辺に滞留時間を延ばすための施設がないことや,他の観光施設や訪問施設との連動性がないこと.さらに,地域内の農産物資源の活用が,ワインと牛肉という単品的商品を中心とし,イベントも単発的となり,来場者への選択肢が狭められてリピーターの増加へと連動せず,逆に他施設との競合関係におかれ劣勢となっていると考えられる.すなわち,ワイナリーの設立には原料生産と高付加価値化のための加工,消費という単独経営の発想から,地域全体での交流人口増大と,地域資源をより活用して経済循環を濃密にするのための総合的計画性が求められている.

ワイナリーの設置は従来にない新たな交流人口増大の契機を作り出したのであり,ワイン原料の生産拡大と地域活性化に大いに貢献してきている.これを契機に次の段階に展開するために,地域農産物資源の十分な供給と加

工，品揃えの豊富さに加えて，他の観光施設との連動性を見出し，滞留時間を拡大すると同時に，訪問者の環流を可能とする地域計画が必要となろう．また，地域農産物の地域内供給と消費を強める農業政策の新規発想が課題と考えられる．

5.4 おわりに

　古典経済学にはじまる経済理論は，自然の価値を意識しながらも，科学的経済学理論の展開上，抽象的な価値生産を追求することによって，自然の一面的価値評価を行ってきた．

　このため，抽象的価値理論，特に比較優位説による経済効率性において中山間地域での生産諸条件は極めて劣勢におかれ，経済活動の場から徐々に後退を余儀なくされてきた．

　しかしながら，これらの地域は既述したように，食物連鎖を保障する自然資本の豊かな地域であり，物質循環の源泉地域である．したがって，これらの地域は生命系の持続性を保障するとともに，人間社会の生産構造の土台を提供している．農林業は，これらの自然資本の維持を前提とした経済活動であり，これら自然資本に直接働きかけて生命存続に必要な財を得ている．

　本章ではまず，経済学における自然資本の位置づけに関し，新たな理論構築の必要性を議論し，自然資本，社会資本，制度資本の総合性と整合性の追求による，地域複合経済循環構造への展開を課題とした．

　自然資本の位置付けを重視し，フロー追求型の経済構造からストック追求型の経済構造への転換に関し，1市6町，6万人規模の中山間地域である三次農協管内で，地域複合経済の核となりえる機能の在り方を主として分析した．

　現在，わが国では産業廃棄物の最終処分の確認を義務づけるための改正廃棄物処理法をはじめとし，食品産業における飼料や肥料への再資源化を義務づけるなどの循環型社会形成推進のための関連7法も一部成立を見ている．これらの動向は新たな経済構造への模索であると同時に，制度資本の整備ともなろう．

自然循環,持続可能性を重視する社会における経済構造は,生命の再生産を保障し得る農林業生産が重要な役割を果たしている.可能な限りその地域で生命の再生産と地域住民の食料を自給する構造を追求していくことが,自然資本の充実とストック型経済構造への転換となろう.

特に,アジアモンスーン地域での水稲生産を主体とする農業生産構造下では,農法展開上も複合農業を基盤とし,非農業部門への発展的展開が物質循環を保障することになると考える.したがって,従来の開発経済のように,量的拡大とそれに基づく効率性追求の結果による一極集中型の経済構造では追求不可能となる.それぞれの地位域内での複合経済構造の構築により,地域内の物質循環をより濃密にした構造への転換が求められている.

本章ではその可能性を複合農業政策を追求している三次市の事例に求め,主に地域資源の有効利用による自然資本と経済構造の質的拡大を分析した.まずは,個別農家で自然資本のストックを高める有機栽培における物質循環事例.ついで経済組織体における資源循環追求の堆肥センター.そして,地域複合経済の中核機能としての期待を持つワイナリーである.三次農協は総合営農振興策を推進するための体制整備を進めており,この機会に物質循環をより強め,ストック型経済構造への総合計画の一環としての総合営農振興策の位置付けが期待される.

地域農産物資源の活用と高付加価値農業の確立を目指すならば,特定の農産物にとらわれない,幅の広い資源利用の可能性を探る必要があろう.第一次産業から第三次産業等,高次産業部門への展開をも組み入れた資源利用の戦略が必要となる.バイオテクノロジー部門の開発発展などはその典型例ともなろう.周辺地域に高等教育機関も存在しており,それらとの連携は現実的となる.しかし,当面は,地域資源利用型で,経済循環をより濃密とする中核作りが求められており,それが複合農業を基盤とする地域複合経済構造への構築へと連動させることになり,その追求過程がその後のノウハウ育成にも重要となる.地域内の物質循環を強める中核作りと総合計画化の一例がワイナリーである.

三次ワイナリーの設立により,従来にない経済機能の核が築かれつつあ

る．経営戦術的には他の観光施設との連動や滞留時間を長くするための施設の検討をはじめ，交流人口が地域内でより濃密な活動を可能とする課題を抱えてはいるが，従来には見られない地域資源の循環構造の萌芽がみられる．今後，複合農業構造をより発展させるためにも，地域内資源の循環構造を濃密にする改善策が求められている．例えば，バーク堆肥の供給拡大は，需要に応じたきめ細かい技術革新を求めており，それらへの積極的対応の過程が，その後の問題解決のノウハウを構築していく可能性となる．資源循環の高度化の目標設定が議論されるべきと考えられる．こうして，経済活動に関わる物質循環の総合計画を打ち立てていくことが地域複合経済の循環型構造変容への現実策として具体的課題となる．

　本章で分析対象とした三次市の複合農業は特異なものではなく，比較的普遍的に展開されている事例でもある．問題は，個別単独の諸政策を，自然資本，制度資本，社会資本の総合的整備によりストック型の経済構造を目指そうとする目的意識である．そのためには，先ずは自然資本の評価問題と地域経済構造の再構築から議論する必要があろう．

　本章執筆に当たり，広島県立大学生物資源学部生物資源管理学科の研究会において同僚教員から貴重な意見と議論の場をいただいた．また，個別農家の物質循環事例として快く調査協力をいただいた竹広博昭氏をはじめ，三次市役所農政課の竹重博樹氏，日野宗昭氏，それにJA三次の太田浩之氏，熊田明正氏，三次ワイナリーの藤恵郎氏に貴重な時間と資料の協力をいただいた．記して謝意を表したい．
　　　　　　　　　　　　　　　　　　　　　　　　　　　（藤田　泉）

参考文献

1. ハンス・イムラー，栗山純訳『経済学は自然をどうとらえてきたか』農文協 1993年
2. 宇沢弘文『宇沢弘文著作集Ⅰ，Ⅱ』岩波書店 1994年
3. 玉野井芳郎『玉野井芳郎著作集1.2』学陽書房 1990年
4. 中村修『なぜ経済学は自然を無限ととらえたか』日本経済評論社 1996年
5. 藤田泉「中山間地域農業の持続性と多面的機能」小野誠志編著『中山間地域農村の展開』筑波書房 1997年

第5章　中山間地域農業の持続性と地域複合経済の課題

6. 藤田泉「農産物貿易と食料生産の課題」『国際化時代における日本農業の展開方向』筑波書房 1996年
7. 梅原猛『共生と循環の哲学』小学館 1996年
8. 室田武 他『循環の経済学』学陽書房 1995年
9. 岩田規久男『ストック経済の構造』岩波書店 1994年
10. 植田和弘『環境経済学』岩波書店 1996年
11. 東京農工大学農学部編『地球環境と自然保護』培風館 1992年
12. カール・マルクス『資本論』大内兵衛，他訳，大月書店 1968年
13. アダム・スミス『諸国民の富』大内兵衛，他訳，岩波書店 1970年
14. リカアドオ『経済学及び課税の原理』小泉信三訳，岩波書店 1970年
15. 株式会社広島三次ワイナリー総会資料
16. 農事組合法人三次ピオーネ生産組合総会資料

第6章 中山間地域におけるフードシステムの展開

―地域間連携によるアグリビジネス―

6.1 課題設定の背景

(1) 中山間地域におけるアグリビジネス起業の必要性

　中山間地域は森林や水など農林業を中心とした産業を進展させるのに適した資源に恵まれている．ただそのような資源は地域全体では豊富であるが，特定の資源を結合することが容易ではない．たとえば耕作地が分散して存在するために経営規模拡大が困難であったり，農家独自に加工施設を設置するさいに隣接地が不在者地主であったりする場合である．また水利権のような地域特有の権益のために事業拡大が妨げられるなど地域外からの参入障壁も存在する．特に昨今の中山間地域振興にはこのような地域資源活用が不可欠である．これまで国や地方自治体はこの課題に応えるため，多くの補助金を投入した．しかし，財政ひっ迫の影響で継続が困難である．

　今後は，地域の主要な産業である農業の新展開の方向として，民間活力によるアグリビジネスが期待されている．ここでいうアグリビジネスとは単に農産物の集出荷に地域の役割が終わるのではなく，フードシステム[i]の生産，卸，加工，小売の段階に関わる活動を展開することである．そのことを通じて地域独自のフードシステム[ii]が形成され，地域内に付加価値がもたらされる．ただし生産以外の段階が必ずしも地域内に立地する必要はない．その付加価値により地域内で所得循環が実現すればアグリビジネスの成果は上

---

　[i] フードシステムとは高橋(1994)のpp.8-12によれば，川上(農林漁業)，川中(食品製造業)，川下(食品卸小売，外食)および湖(食料消費，食生活)のそれぞれの関係を総合的に解明する分析対象であるとしている．

　[ii] 地域独自のフードシステムの具体的な分析事例として，黒木(1997)を参照．

がったと判断されるからである．

（2）アグリビジネスの課題
──自治体による取引費用節減への期待──

　地域内部からアグリビジネスを起こす代表的な方向は地域内発型アグリビジネスとして斉藤氏によって提唱されている[iii]．それによれば，その方向こそが地域農業生産者に対する安定した農産物支払い価格と雇用創設を実現させ地域内の所得循環に貢献するとしている．また，食料加工だけでなく地域独自のアメニティ空間をいかしたレジャー型の起業の可能性にも言及している．

　ところが，内発型アグリビジネスを担う企業は独自の戦略を長期にわたって活発に展開する保証はない．今日では内発型アグリビジネスに限らずそのような長期的な企業活動の制約要因を取引費用の理論で説明されている[iv]．取引費用とは既存の取引経路しか持たないで企業が新たな取引経路を開発して従来とは異なる方法で活動を展開させた場合に付加される余計な費用である．地域内の資源を結合させて新製品を開発したり，販売する場合，地域外の新たな取引相手にこれまで同様の対応をして出荷すれば，様々な不確実性や危険に遭遇してしまう．また新結合に見合った規模に拡大するために，施設などへの投資が必要とする場合にも回収ができるか不安となる．それらのための余計な費用負担が取引費用である．

　これを避けるために，垂直的整合[v]を通じた組織再編が進展した．特に地域外の食品産業は大規模企業を中心に原料の安定確保の必要から後方統合[vi]

　[iii] 地域内発型アグリビジネスの具体的な展開事例については斉藤（1999）の pp. 351-435 を参照．

　[iv] 取引費用論に関する文献は数多くあるが，比較的平易な説明がされている文献としては岡部（1991）の pp. 1-13，および中田（1986）の pp. 21-41 がある．

　[v] 垂直的整合とは生産，加工などのフードシステムの段階間にまたがる取引に関する企業活動である．

　[vi] 当該段階よりも川上側に位置する段階を所有や契約などを通じて統合することである．

を進めて産地に進出した．また，農協の中にも域内農産物の安定販売のために加工や卸などの川中，川下の段階に進出するところが出ている．大型産地の生産者はそのような企業組織再編のなかで農業を存続させることができた．

しかし，どの地域にとってもアグリビジネス企業と生産者の双方に対して取引費用圧力はさけられない状況である．たとえば，スーパーマーケットとの契約によってPB（プライベートブランド）や他の製造業者の分を委託生産するOEM[vii]は内発型アグリビジネス企業にとっては操業継続を促進させる．しかしこれらも相手先の事情により長期契約の保証はなく，PB等に対応して投資したにもかかわらず回収されずにサンクコスト化する危険がある．その結果取引費用の圧力に直面する．先に示した所得循環も村社会独特の参入障壁や特定の資源・資産から生じる準レントに全面的に依存していれば，長期的には消滅する．

中山間地域においても，取引費用問題は避けられず，生産に終始する農業ではなく，加工，卸，小売，外食などのフードシステムの他段階との連携を視野にいれた組織戦略が必要とされている．しかし地域内の企業や生産者に過度に取引費用負担を求めることは既述した事情から困難である．そこで自治体支援によるアグリビジネスに期待が寄せられている．域内住民に所得循環が保証されれば，税金負担を通じた取引費用節減への理解が得られやすい．

6.2 庄原市によるアグリビジネス推進
―農村文化および資源結集型―

地域の第1次，2次，3次を結集させた6次産業構想は全国的に注目されアグリビジネスを活発に推進させ，ひいては取引費用節減に寄与することが

[vii] Original Equipment Manufacturingのことで委託生産された製品が委託者のブランドになる．

大いに期待されている．中国地方の中山間地域である広島県庄原市は平成8年の第3次長期総合計画で出された田園情報文化都市構想を出発点にして6次産業への取り組みを具体化させようとしている．その計画の一翼を担うのが農業支援施設「総合交流ターミナル」である．

庄原市は昭和45年に過疎地域に指定されて以来，高速道路整備等様々な地域振興策が講じられてきたが人口減少に歯止めがかからなかった．なかでも農業の衰退は著しく経済活動の停滞の象徴とされた．その一方では高齢化が進み集落維持などの行政機能低下も危惧された．昨今の景気後退の影響から工業団地整備などの地域外部の企業に依存した経済活性化は期待できず，従来から豊富に存在する農業関連の諸資源を新たに結合させる方向を検討せざるを得ない状況に追い込まれてきた．

総合ターミナルの意義は既存の企業や地元農協にかわってこのような新結合を推進する施設として位置付けられていることである．すなわち，庄原市のもつ農村固有の文化（田園文化）や資源をターミナル施設に結集させる意義がある．このことを通じて域内農業資源に関する情報発信や収集が確保され，生産者や企業の情報探査費用節減に貢献することが期待される．そのほか，域内資源の活用に際しても，この施設を通じて様々に開発されれば，初期段階に要する個別の新規投資が削減できる．

総合ターミナルにおける事業方針は次の五つである．① 住民参加．② 地域原料使用．③ 地域での製造，加工．④ 消費者に喜ばれるものを生産．⑤ 心と暮らしの豊さ．特に平成7年に開園された国営備北丘陵公園の来園者との連携を期待する向きが強い．事業分野は ① 体験・交流・情報発信事業，② 地域食材供給事業，③ 特産品開発事業，④ 直販事業，⑤ 文化・観光事業，⑥ 健康事業の六つである．

体験・交流・情報発信事業では，農業・農村資源を活用した都市住民との交流を行い，高齢者が培ってきた独自の農業技術や中山間地域での暮らしの知恵を学習する．そして今後の新しい田園都市生活の方向を開拓し積極的に情報発信していくことが目指されている．

具体的には市民農園や農産物のオーナー会員制度等があげられる．このよう

にして各企業や生産者が情報収集や発信に要する費用を節減することができる．

　地域食材供給事業では，地域で生産される農産物を用いて伝統的な料理を供給する．さらに，これからの田園生活にふさわしい食文化の開拓にも取り組むとしている．具体的にはレストランや専門店を通じた飲食サービスが中心になる．新規の料理開発を域内全体で取り組むことになるので個々に要する開発費の節減が期待できる．

　特産品開発事業では地域の農産物を利用して安全性の高い加工食品を開発することを目指す．これまで潜在的にしか紹介されなかった伝統料理や薬膳料理および今後の田園都市型に対応した製品の開発が企画されている．この場合でも，個々の生産者や企業にとっての新規開発投資節減が期待される．

　直販事業は地域内で生産された農産物や新製品および特産品を，消費者に販売する事業である．元来，庄原市は青空市場が活発でこのような直販事業に対しては実績があるが，今後は直販専門店や食材配達の分野にも広げる意向である．また，アンテナショップや出張販売等都市に出向いて消費者に知らせる方法やインターネットを使用した販売が検討されている．このようにして個別に対応した場合と比較して新規の販売先を開拓する費用が節減される．

　文化・観光事業では農業体験など都会では経験できない消費者の学習だけでなく，自然観察など学校教育の一環としても活用されることが期待されている．

　健康事業では都市住民には与えられることがなかった地域の自然と伝統に根ざした資源が健康や福祉の分野で発揮されることを目指している．地域独自のこのような資源は都会ではむしろ広く知れ渡っている場合が多い．都市との交流が進むにつれて新しいビジネス機会となる可能性もある．

6.3 自治体推進のアグリビジネスの課題

　しかし，このような自治体推進型のアグリビジネスには課題が多い．第一の課題は，アグリビジネス参加者の多くが加入している農協が地域外の農協との合併に直面しており，自治体独自の計画が促進されるか懸念されることである．以前はほぼ集落単位に農協が機能していたため住民と農協の関係が密接であったが，昨今の合併の推進は住民だけでなく生産者と農協との関係をも希薄になることが懸念されている．第二に自治体の合併も今後進められていくことが充分に予想されるため，一つの地域だけのアグリビジネス推進は長期的に継続できるかは明確でないことがあげられる．

　したがって生産者側から見れば一つの地域だけを推進母体にしたアグリビジネスに参加することは長期的には不確実性要因が多いことになる．特にそのような不確実性は高齢者のアグリビジネス参加を長期的に困難にする．そこで様々な地域と連携したアグリビジネスに参加することで取引経路を多様化することが最も合理的な戦略と言えよう．

　ここでは，このような地域連携を基軸にした戦略を実施して中山間地域においてアグリビジネスを展開している事例を紹介する．第一に農協合併を契機にして農協が中心となって地域間連携によるアグリビジネスが促進された広島県山県郡の千代田町と大朝町の事例の意義を解明する．同時に大朝町の生産者にとって，このような連携がもたらす意義についても考察する．第二に農協という組織ではなく生産者間の連携を通じてアグリビジネスを展開している広島県山県郡女性起業ネットワークそよかぜの実態と意義にも言及する．特に後者は地域外からの新規参入者による斬新な試みとして注目されている．

6.4 広島県千代田町と大朝町における アグリビジネス[viii] ―地域間連携型―

(1) 産直部会

以前は集落ごとに農協が設立されていたが,農協の合併は急速に促進されている.合併を契機にして組合員と合併農協との関係が疎遠になるということが,しばしば指摘されてきた.JA広島千代田も合併農協であるが,合併された旧大朝町農協の組合員と千代田町の組合員との地域間連携によるアグリビジネスが推進されている.その好例がJA広島千代田の産直部会である.平成11年の8月に広島市のスーパーフレスタ祇園店に産直コーナーが設置されてその出荷組織として産直部会がスタートした.現在の部会員は大朝町25名,千代田町が75名である.

産直コーナーは毎日開かれている.主な品目は野菜,果実,花き,農産物の加工品である.各部会員が毎日千代田町の農協本所もしくは大朝支所に搬入する.集荷を農協に依頼すれば週2回の巡回もある.販売価格は出荷した生産者が自ら設定する.販売代金はJA千代田を通じて25%の手数料が差し引かれて支払われる.

(2) 大朝町地域食材供給施設

大朝町では就業者の高齢化が著しく,高齢者と女性の参画した農業振興が求められてきた.大朝町は広島県北西部にあり島根県境と接している.県下でも有数の寒冷地帯で内陸性の気候である.人口の減少が著しく平成7年には4000人を割り込んだ.農業は昭和30年あたりまでは就業人口のトップを占めていたが,平成7年には490人にまで減少した.専業農家の減少だけでなく兼業農家戸数も減少しており,全般的に農業生産の後退が著しい.

地域食材供給施設は大朝町における農業振興策の中核として期待される施設である.元来大朝町には「天狗の里」という地元農産物販売施設が設立さ

[viii] 以下の説明は全国農業構造改善協会 (2000) に基づいている.

れていた．しかし農業の衰退傾向に歯止めがかからず，本格的な農業支援施設が求められていた．地域食材供給施設設立の意義や目的は以下の三つの方向から指摘できる．第一に，高品質および高付加価値型重視の要請に対応できない規格外品を活用した農業を通じて高齢者や女性でも充分に対応できることである．そのような農産物の販売，加工を通じて遊休農地の解消や認定農家の育成，新規参入の促進が期待される．やがては農業基盤の整備，農業技術，経営能力の向上に直結することが期待される．第二に郷土料理など中山間地には都市生活にない食文化の伝播や農村との交流のニーズ開発が期待できることである．都市住民にとっては農村には健康資源が眠っており，その発掘のためにはお互いの情報発信や交流が求められている．第三に介護福祉制度がスタートしたのに伴い，中山間地においてもビジネスチャンスとして新しい事業が期待できることである．地元農産物活用型の食材開発は特に

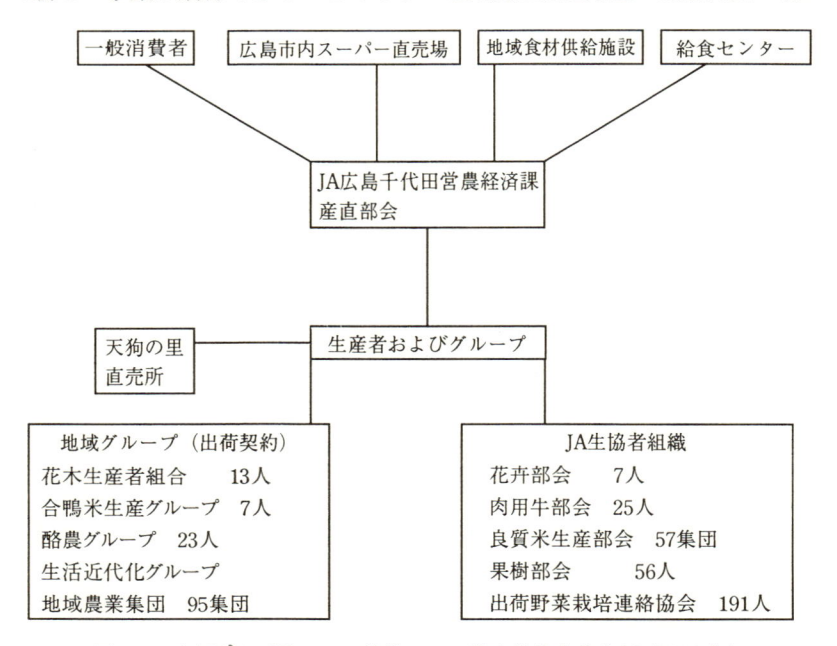

図6.1 大朝町と千代田町の連携による農産物集出荷体制（2000年）
資料：全国農業構造改善協会（2000）より作成．

関心が寄せられている.

以上の目的を果たすために，地域食材供給施設は地元農産品の直売，飲食サービス，調理加工を中心にした機能を担う．その施設は大朝町が所有し利益は基本的には大朝町民に行き渡ることになる．従来の通念ではそのような場合，大朝町の生産者だけが食材供給施設に農産物を出荷する権利を有すると思われた．しかし，大朝町産だけでは不足することが充分に予想されるために，地域連携により千代田町の生産者を含めた産直部会が支援することになっている（図6.1）．

（3）高齢者生産者の対応―複数取引経路の選択―

生産者は以上のような地域連携を通じたアグリビジネスに参加する一方で，独自のアグリビジネスも展開している．そのような事例としてOS氏をとりあげる．OS氏は高齢者であるが地元農産物販売施設の「天狗の里」を運営する中心メンバーでもある．OS氏の経営面積は水田が4町で，畑が200aでそのうちハウス栽培用棟が8棟建てられている．畑では胡瓜，ほうれん草，大根，春菊，ちんげん菜，小松菜，トウモロコシ，白菜，広島菜が栽培されている．その他自宅の敷地内に加工所を設置している．主な加工品は，しば餅，三色餅，胡瓜粕漬，白菜漬，梅干し，ブレンド茶である．

平成11年のOS氏の販売金額は大きく五つの取引先から得られている．そのうち天狗の里が最も多く36％の177万円である．大朝町特有のまとまった出荷先として宗教団体の墓地（墓園）内のレストランがある．特に彼岸などには大挙して遠方より訪れる関係で墓園特需となる．OS氏の場合には平成11年においては21％にあたる104万円が墓園に出荷された．千代田町と大朝町の地域連携の代表例である産直部会へは18％にあたる85万円が出荷された．このように高齢者であるにもかかわらず，地域連携による農協のアグリビジネス戦略への取り組みと独自の取引経路への出荷対応の双方が可能となっている．

（4）生産者間の地域連携

OS氏のように高齢者が独自にアグリビジネスを展開して成功しているが，生産者どうしがお互いに連携し合っていけば，販売先の新規開拓や消費

地情報などの収集や情報発信機会などで費用が節減でき，取引費用節減により多くの効果が期待できる．そのような事例の一つとして山県郡女性起業ネットワークそよかぜがある．このネットワークは山県郡の大朝町，千代田町，豊平町，芸北町の11名の女性生産者によって構成されている（表6.1）．設立にあたっては千代田地域農業改良普及センターが起業セミナー開催を主催するなど果たした役割は大きい．現在は販売を中心にした連携がすすめられている．

　連携の方法は二つに見られる．第一に，まとまった量の販売を連携によって安定して継続させることで消費者や販売機会提供者に信頼を与えることである．すでに指摘した天狗の里は町外からの消費者に大朝町の農産物を販売する直売所であり，ここでの品揃えは町内産農産物の振興に寄与するので継続した出荷が重要となる．しかし，一人の高齢者にまとまった量の品目を継続して出荷させることは過重な負担となる．そこで出荷量や時期などを連携して調整すればこのような負担は軽減できる．道の駅豊平どんぐり村は大朝町だけでなく，山県郡の農産物および加工品の直売所として重要な役割をはたしており，地域の連携を通じた安定した品揃えが実現すれば，高齢者の出荷計画も円滑に推進される．一方，「広島夢プラザ」は広島市にあり町外の重

表6.1　山県郡女性起業ネットワーク「そよかぜ」の加入者
（2000年）

加入者	代表者	所在地
野花の館	田村勝子	芸北町
天意の里	山根朝美（代表）	大朝町
押山農園	押山純子	大朝町
おとめ会	上田雅子	大朝町
おおあさふれあいりんご園	宮前由未子	大朝町
ふぁーむBuffo	岩崎菜穂	大朝町
葉月会	竹下富美子	千代田町
山本農園	山本勝子	千代田町
はあもにい	原敏子	豊平町
長笹特産加工組合	板倉ミスエ	豊平町
四ッ葉グループ	梅田巴	豊平町

資料：現地調査に基づく．

6.4 広島県千代田町と大朝町におけるアグリビジネス―地域間連携型―

要なアンテナショップである．そのため，同様に連携を通じて安定した出荷が継続することは山県郡農産物や加工品の情報発信となる．

　第二の方法は生産者間で製造販売の連携を行うことである．そのことを通じて新たな販売先開拓に要する費用が節減される．例は少ないが，大朝町の上ヶ原にあるハーブ園（天意の里）にはネットワークそよかぜのメンバーである「手作り工房はあもにい」で生産されたクッキー類が販売されている．

(5) 農協による緩やかな地域間連携の必要性

　かつては国内の大産地と大規模食品産業との連携によるフードシステムが進展したが，今では外国の農業や食品産業に依存したフードシステムに転換されつつある．しかしその一方では消費者の食の安全性へのこだわりと国内自給率向上に見合った持続的農業が叫ばれている．

　これまで農協は産地間競争を生き抜くための司令塔（コーディネーター）の役割を担い，生産者は技術進歩と生産力が要求された．その結果，農産物輸入の拡大の影響を受けながら成長しつづけた地域もあったが，その一方で衰退していった地域が続出した．特に高齢者の割合の高い地域が広く残存するようになった．

　広島県の中山間地域はこのような事例が多く，もはや高齢者を抜きにしては地域農業を持続させることは困難である．ただ，高齢者が新規にアグリビジネスを展開することには莫大な取引費用負担を覚悟しなければならず，農協の支援は必要である．その場合，厳しい基準を課す生産者淘汰型ではなく高齢者活用型の緩やかな連携のほうが地域農業を持続させるのに最も適した戦略である．高齢者は農協のアグリビジネス戦略にも参加すると同時に高齢者に適した青空市場など独自の取引経路にも参加できる．そのほうが生産者に取引費用負担を強いることもなく参加しやすいので，長期的には地域農業およびアグリビジネスが持続する可能性が高い．合併後のJA広島千代田のように地域間連携を通じたアグリビジネスの成果は今後大いに注目されよう．

　　　　　　　　　　　　　　　　　　　　　　　　　　　（黒木英二）

引用文献

1. 黒木英二「中山間地域における青果物の域内消費促進の現状と課題」，小野誠志編

第6章　中山間地域におけるフードシステムの展開

『中山間地域農村の展開』，筑波書房，1997，pp.139－154.
2. 中田善啓『マーケティングと組織間関係』，同文舘，1986.
3. 岡部鐵男『企業競争と経営戦略』，九州大学出版会，1991.
4. 斉藤 修『フードシステムの革新と企業行動』，農林統計協会，1999.
5. 高橋正郎『我が国のフードシステムと農業』，農林統計協会，1994.
6. 全国農業構造改善協会『広島県大朝町　　大朝町地域食材供給の整備基本計画の策定』，2000.

第7章　中山間地域における土地改良施設維持管理の新しい費用負担方式

7.1　はじめに

　本章では，便益価分析法（Nutzwert-Analyse）[i] による便益価評価のスコアリング・モデルを用いて，土地改良施設における事業効果の多次元的な把握を行い，それを基に，土地改良施設の維持管理における費用負担 — 従来は，把握が難しかった経済外効果をも定性的・定量的に捉え，農家を含めた多面的な受益者とその受益高を明確にすることによって，社会最適の負担割合を算出する — の新方式について考察するものである．

　土地改良事業においては，土地改良法施行令第2条2項での「すべての効用がそのすべての費用をつぐなうこと」という考えが大前提である．しかしながら，農内効果だけでなく農外効果もあり，また経済効果だけでなく経済外効果も多く発生する土地改良施設においては，一般に用いられる費用便益分析（Cost-Benefit Analysis）による貨幣評価では，評価方法としては，本来的に貨幣評価の不可能な美学的・心理学的なインタンジブル効果（アメニティ，エコロジーに係る無形財サービス産出効果）を捉え得ないという意味で，効果の過小評価，したがって過小整備をもたらすおそれがある．

　つまり，土地改良施設における維持管理の費用負担を考える場合，農業利用での流量，通行量，面積等のタンジブルの指標を基にした便益の受益農家だけによる費用負担では，社会的には負担における不公正が生じ，最適評価，したがって最適整備を実現できない．そのため，便益価のスコアリング・モデルを用いた評価を行う便益価分析法により，経済外評価をも含めた土地改良施設の多面的効果を把握し，直接の受益農家以外にも，それぞれ多面的な

---

[i] 相川哲夫，『実践・農村計画のシステム・テクノロジー』，農林統計協会，1987.

便益の多面的な受益者による費用負担の新方式について考察しようとするものである．

7.2 多次元的評価手法としての便益価分析法

資源希少性の今日では，土地改良事業等の計画策定に際しては，その事業において発生する効果を，経済効果だけでなく経済外効果をも含めた包括的な評価を行う必要がある．事業効果の評価方法については，図7.1に分類できるとすれば[ii]，これまで行政で専ら適用されてきたのは費用便益分析である．この方法は，事業効果における直接効果だけでなく間接的な効果の把握も可能であるという点では多次元的評価ではあるが，しかし，その評価は貨幣評価の可能なタンジブルな効果項目に限定されるため，インタンジブル効果を含み得ないという意味では，手法構造自体として本来的に過小評価にな

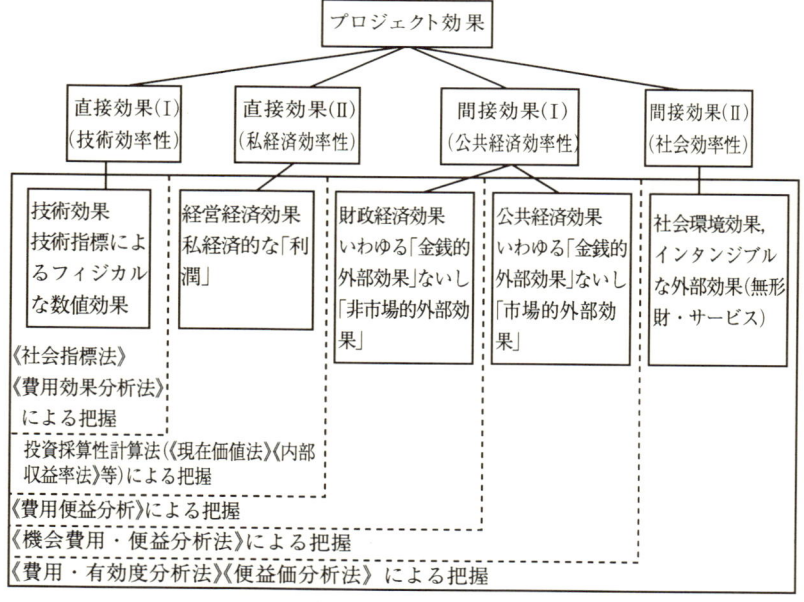

図7.1 投資の多次元効果と公共投資効果評価法の分類

[ii] 相川，前掲書77頁を改善したもの．

7.2 多次元的評価手法としての便益価分析法

る．また，近年開発中の代替法・トラベルコスト法・ヘドニック法・支払意思額法等の機会費用・便益分析，ないし類似諸法は，経済的多次元評価手法としては費用便益分析と同じであるが，投資のアウトプット・ミックス自体についての即自的な評価ではなく，対自的な身替わり評価の便法として，擬似的に市場メカニズムを適用している．それだけに，想定する代替価額と実際の市場価額との間に不突き合いが生じ得る可能性を排除できない―いわゆる翻訳ミスとも言える―という問題点を指摘できる．ただ，投資の技術的外部効果の形で市場を介することなく，消費者余剰の増減に繋がる財政経済効果を求める費用便益分析に対して，社会全体としての便益増減のない単なる所得移転ではあっても，地域レベルでは投資の金銭的外部効果の形で市場を介して，新たに地域の資産価値上昇のような財・サービスの新供給によって，地域の公共経済効果をも捉え得る点で，これら機会費用便益分析諸法のメリットは大きい[iii]．

以上のような事業効果の貨幣評価の各手法に対して，本章で用いる分析手法の便益価分析法は，計画策定に当たって構想され得るいくつもの代替案の中から，各代替案の産出する直接間接の多面的なアウトプット・ミックスをすべて明示的に網羅し，それらを多次元の評価項目として「目標体系」に構造化し，それを基準に便益価を確定し，その大きさによって相対的に最善の代替案を選択しようとする，より汎用的，包括的な評価法である[iv]．この便

[iii] 農業土木総研，『農業基盤整備事業におけるその効果測定調査報告書』，1990.
農業土木総研，『国営かんがい排水事業における多面的効果の測定に関する調査報告書』1994.
森島賢，矢部光保他，『土地改良長期計画総合評価に関する調査報告書』，(社) 全国農業構造改善協会，1993.
土地改良経済効果研究会，『農村生活環境整備投資の妥当性評価についての調査報告書』，(社) 全国農業構造改善協会，1994.
[iv] 便益価分析法の先行適用例としては，
全国農業構造改善協会，『農村生活環境整備に関する投資の必要性と経済効果の測定法に関する報告書』，第6章 (相川哲夫稿)，1995.
相川哲夫，『農村生活環境整備事業効果の多次元評価に関する報告書』，(社) 全国農業構造改善協会，1996.
同，『農村総合整備事業効果の多次元評価手法の開発に関する報告書』，同，1997，参照．

益価分析法は，公共投資の経済的厚生の最大化を求める前2者の貨幣評価手法と違って，社会全体の総厚生の最大化を求める見地から，社会的厚生をも含めて投資の多面的な「社会環境効果」（農水省）を同時に評価することによって，社会最適の評価を行おうとする．しかし，代替案間における相対的な優劣のみが便益価スコアの大小として評価される非貨幣的評価法のため，費用便益分析等の貨幣評価法と併用するという形で，用いることが望ましいと考えられる．もとより，評価の方法が違えば代替案の優先順位も違ってくる．

　この手法の基本的な進め方は，図7.2のとおりである．まず調査では，その事業に期待される多面的機能増進の目的・目標を計画（土地改良区の活性化計画）の評価規準として目標樹木法により体系化（目標体系）して調査表を作成し，目標別の相対的な正規化した数値で表す重点度，および共通基数尺度に変換した評点で表す目標到達度（ここでは10点満点）を回答してもらうようになっている（エキスパート・サーベイ法による）．そして，測定された目標到達度に，理論的にはそれぞれの目標の「限界効用」を表す相対的な

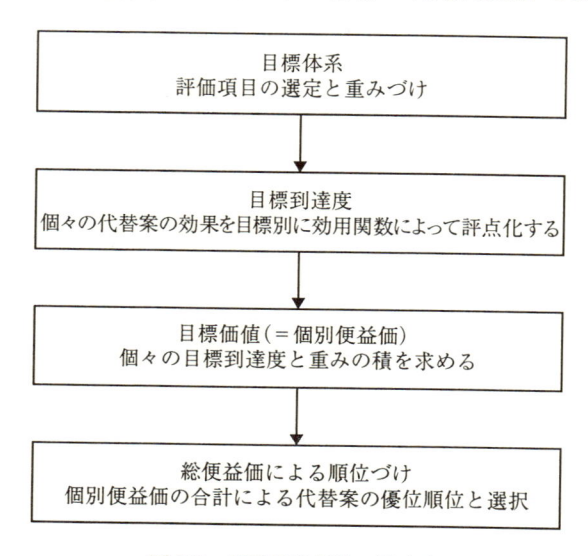

```
┌─────────────────────────────────────┐
│          目標体系                    │
│   評価項目の選定と重みづけ            │
└─────────────────────────────────────┘
               ↓
┌─────────────────────────────────────┐
│          目標到達度                  │
│ 個々の代替案の効果を目標別に効用関数によって評点化する │
└─────────────────────────────────────┘
               ↓
┌─────────────────────────────────────┐
│     目標価値（＝個別便益価）          │
│   個々の目標到達度と重みの積を求める    │
└─────────────────────────────────────┘
               ↓
┌─────────────────────────────────────┐
│      総便益価による順位づけ           │
│ 個別便益価の合計による代替案の優位順位と選択 │
└─────────────────────────────────────┘
```

図7.2　便益価分析法の進め方

重点度選好の重みを乗じることによって，それぞれの目標価値，すなわち便益価を求める[v]．最後に，代替案ごとに個別便益価を加算合計して得られる総便益価の大小によって最適選択を行う．

7.3 便益価分析法を用いた多次元的評価

(1) 土地改良事業の目標設定

本章は，山間部過疎地の広島県美土里町において，広島県立大学地域計画研究室が平成9年12月に実施した「土地改良区に関する意向調査」（調査戸数819戸，回収632戸，回収率77％）の結果により，問題点と課題の実態分析をふまえ，さらに翌平成10年4月に実施した「21世紀に向けての農業・農村整備の基本構想策定調査」（本町在住の土地改良区専門有識者82名を対象にし，回収61名，回収率74.4％）の調査結果に基づいたものである．

まず，土地改良区活性化の戦略目標の設定に当たっては，広島県が定める中山間地域の基本目標である「恵まれた自然環境の中で人々が生き生きと暮らし，楽しむことのできる新たな定住と交流の場」をもとに，美土里町においては，その山間部豪雪地帯という立地条件を活かした特色ある農業の発展をめざした経済活性化，農村環境整備による快適性，さらに，水と緑豊かな美しい棚田等の農地保全と農村交流基盤整備に係る環境性といった多面的な三つの基本目標を設定する（図7.3，ただし簡略図）．

生産面に係る圃場整備では，面整備がほぼ完了した美土里町の場合，中位目標として，ハード面では大区画圃場整備，ソフト面では集落営農組織と特

---

[v] 主観的な効用価値学説では，「効用」(utility) と「便益」(benefit) は本質的には同義であるが（独語では両者とも Nutzen で表わす），有形財の価値を表わす場合には効用を，無形財をも含めて表わす場合には便益概念を用いる．その意味で，理論的には限界便益の大きさを表わすのが重みづけである．

$$\left(\frac{\partial N}{\partial k_i} = g_i\right)$$

ただし，N：便益または効用
k_i：i番目の評価規準
g_i：k_iの重みづけ

第7章 中山間地域における土地改良施設維持管理の新しい費用負担方式

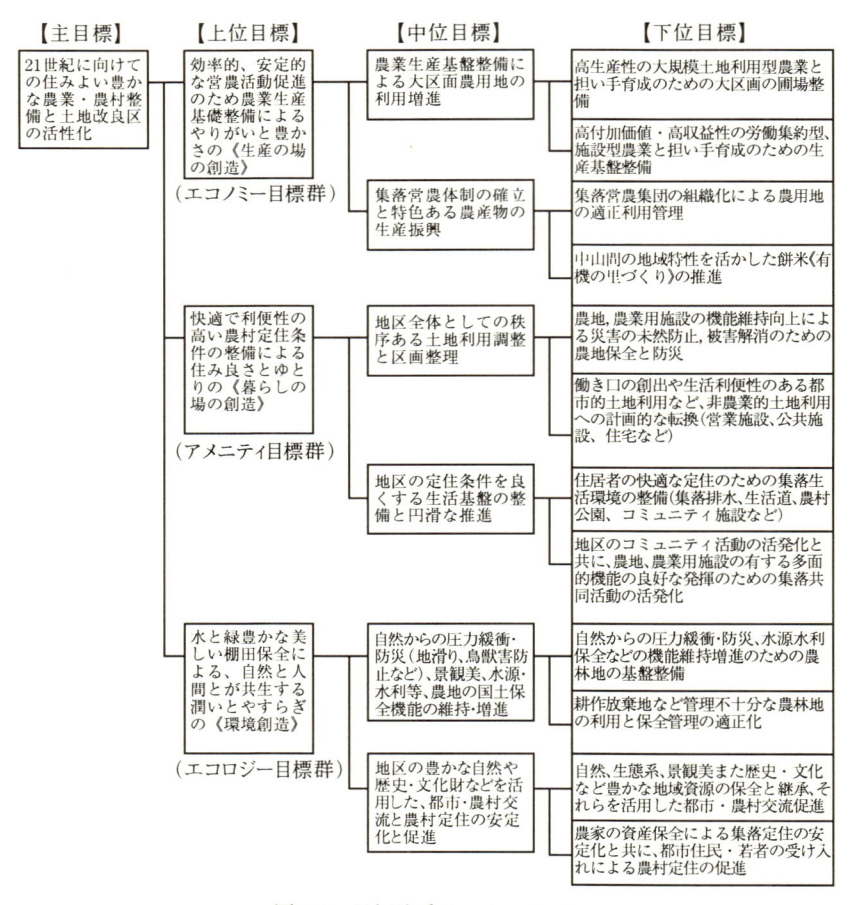

【主目標】	【上位目標】	【中位目標】	【下位目標】
21世紀に向けての住みよい豊かな農業・農村整備と土地改良区の活性化	効率的、安定的な営農活動促進のため農業生産基礎整備によるやりがいと豊かさの《生産の場の創造》 （エコノミー目標群）	農業生産基盤整備による大区面農用地の利用増進	高生産性の大規模土地利用型農業と担い手育成のための大区画の圃場整備
			高付加価値・高収益性の労働集約型、施設型農業と担い手育成のための生産基盤整備
		集落営農体制の確立と特色ある農産物の生産振興	集落営農集団の組織化による農用地の適正利用管理
			中山間の地域特性を活かした餅米《有機の里づくり》の推進
	快適で利便性の高い農村定住条件の整備による住み良さとゆとりの《暮らしの場の創造》 （アメニティ目標群）	地区全体としての秩序ある土地利用調整と区画整理	農地，農業用施設の機能維持向上による災害の未然防止，被害解消のための農地保全と防災
			働き口の創出や生活利便性のある都市的土地利用など、非農業的土地利用への計画的な転換（営業施設，公共施設，住宅など）
		地区の定住条件を良くする生活基盤の整備と円滑な推進	住居者の快適な定住のための集落生活環境の整備（集落排水，生活道，農村公園，コミュニティ施設など）
			地区のコミュニティ活動の活性化と共に、農地、農業用施設の有する多面的機能の良好な発揮のための集落共同活動の活発化
	水と緑豊かな美しい棚田保全による、自然と人間とが共生する潤いとやすらぎの《環境創造》 （エコロジー目標群）	自然からの圧力緩衝・防災（地滑り，鳥獣害防止など）、景観美，水源・水利等、農地の国土保全機能の維持・増進	自然からの圧力緩衝・防災，水源水利保全などの機能維持増進のための農林地の基盤整備
			耕作放棄地など管理不十分な農林地の利用と保全管理の適正化
		地区の豊かな自然や歴史・文化財などを活用した、都市・農村交流と農村定住の安定化と促進	自然、生態系、景観美また歴史・文化など豊かな地域資源の保全と継承、それらを活用した都市・農村交流促進
			農家の資産保全による集落定住の安定化と共に、都市住民・若者の受け入れによる農村定住の促進

図7.3 目標体系（goal system）

色ある農産物の生産振興がその目標となる．具体的には，下位目標として，ハード面の目標には高生産性，労働集約型農業の振興とその担い手育成のための生産基盤整備，ソフト面では集落営農組織化による農用地の適正利用管理の推進などを挙げることができる．これらの下位目標の設定は，目的＝手段の関連性という点で国補・県補の一連の補助事業に関わる政策メニューと関連づけて行われており，それは他の二つの目標群についても同様である．

安全性，利便性，快適性といった農村生活環境のアメニティ目標群は，ハード面では秩序ある土地利用調整と区画整理等，ソフト面ではその円滑な推進を目標とし，さらに，下位目標として具体的には，ハード面では農地保全と防災，ソフト面では集落環境の整備推進や共同活動推進などが挙げられる．

環境面のエコロジー目標群については，ハード面では地滑りや獣害防止といった自然からの圧力緩衝・防災，景観造成，水源・水利等，農地の国土保全機能の維持増進目標を，ソフト面では地域資源の活用による都市・農村交流，さらには農村定住の促進による人口増を図る．具体的には，下位目標で，ハード面で耕作放棄防止，国土保全の農林地基盤整備とその利用・管理の適正化，ソフト面では自然生態系の維持，景観美の造成，地域の歴史文化資源活用や定住促進が挙げられる．

以上，農業の生産面に係るエコノミー目標群，農村生活面に関するアメニティ目標群，そして国土・自然環境面に係るエコロジー目標群を，土地改良区の活性化目標として主目標 ― 上位目標 ― 中位目標 ― 下位目標に整合性のある形で体系化する．

(2) 多面的活性化戦略目標の重点度調査

土地改良区の多面的活性化目標に対しては，本来その実現に必要な資源と予算は極めて限定的という条件下では，一方の目標追求は常に他方の目標追求の削減を意味するトレード・オフの関係にならざるを得ない．それゆえ，目標相互間の相対的な重点度を求めることが必要となってくる．

そこで，まず多面的な目標相互間の相対的な重要度，ないし重点度によって重みづけを求める方法として，本調査では，ヨーヨー法，順位付け法，お

[vi] ヨーヨー法とは，エキスパートサーベイを基に全体目標を100点満点，1000点満点とした場合，個々の目標の全体目標に占める相対的な重点度の度合いを評価するもので，ヒエラルヒー状に全体目標→上位目標→中位目標→下位目標の段階毎に，それぞれの評価数値をヨーヨーのように上から下へ降ろしていくやり方である．この方法は，重みづけを求める最も一般的な方法で，その長所は簡便である点にあり，短所は近似の重点度であるという点にある．正確には，便益の相互選好独立性の点で，内部一対比較法による目標重要度の把握と，外部一対比較法によって求められる目標相互間の関連度係数によるその修正を行うべきである（目標重点度選好＝目標重要度選好×目標相互間関連度係数）．

表 7.1 土地改良区間における目標重点度の比較

	目標	全体平均	土地改良区			
			横田	本郷	北	生桑
上位	1. 生産の場の創造（エコノミー）	364.5	318.7	318.2	414.4	395.8
	2. 暮らしの場の創造（アメニティ）	370.2	432.7	415.5	295.0	362.5
	3. 環境創造（エコロジー）	265.4	248.7	266.4	290.6	241.7
	合計	1000.0	1000.0	1000.0	1000.0	1000.0
中位	1.1 大区画農用地利用	146.7	83.3	120.8	227.1	133.3
	1.2 集落営農・特産物確立	217.8	235.3	197.4	187.3	262.5
	2.1 土地利用調整・区画整理	153.3	139.0	199.6	125.3	166.7
	2.2 生活基盤整備推進	216.9	293.7	215.8	169.7	195.8
	3.1 国土保全機能維持増進	123.1	112.0	132.9	139.5	105.6
	3.2 都市農村交流，農村定住推進	142.3	136.7	133.5	151.1	136.1
	合計	1000.0	1000.0	1000.0	1000.0	1000.0
下位	1.1.1 大区画圃場整備	51.5	29.0	52.8	74.4	39.7
	1.1.2 生産基盤整備	95.2	54.3	68.0	152.7	93.7
	1.2.1 農用地適正利用管理	115.7	116.7	102.9	106.1	141.7
	1.2.2 有機の里づくり	102.1	118.7	94.5	81.1	120.8
	2.1.1 農地・農用施設の機能向上	65.9	55.7	61.7	66.1	79.2
	2.1.2 非農業的土地利用への転換	87.4	83.3	137.9	59.3	87.5
	2.2.1 集落生活環境整備	126.8	180.7	126.9	89.1	116.7
	2.2.2 集落共同活動の活発化	90.1	113.0	88.9	80.6	79.2
	3.1.1 機能維持増進・農林地基盤整備	56.2	35.0	59.1	78.6	50.3
	3.1.2 放棄地利用と保全管理の適正化	66.9	77.0	73.6	60.9	55.3
	3.2.1 地域資源保全と都市農村交流	79.7	75.0	68.2	97.1	69.8
	3.2.2 資産保全，都市住民受入	62.6	61.7	65.3	54.1	66.3
	合計	1000.0	1000.0	1000.0	1000.0	1000.0

よび一対比較法の三つの方法をとった[vi]．ここでは，ヨーヨー法による重みを用いて分析を行う．その理由は，上記の三つの方法によるいずれの調査結果でも，数値に若干の相違はあっても相対的な重点性の順位が変わるほどの差ではなかったからである．したがって，以下の分析では，表 7.1 で示した最も簡便なヨーヨー法によって得られた近似重点度による重みづけを用いることとする．調査では，上位目標，中位目標，下位目標のレベル毎に，それぞれ合計が 1000 点になるように，上から下へ配点してもらうことになる．

（3）便益価の算定

1）目標到達度について

活性化基本戦略の策定のためには，多面的な戦略目標の重点化による効率的な推進を図るとともに，現状を目標体系に即してできるだけ客観的に測定することが必要である．そこで，事業効果を把握するため，事業の実施前の現状と実施後の状況について，それぞれ目標体系の多次元の評価項目を10点満点の共通評価尺度に尺度転換して測定したものが表7.2である．

事前値の目標別到達度を比較すると，エコノミー目標到達度（3.3）＞アメ

表7.2 土地改良事業効果目標到達度の事前値・事後値

	目標	全体平均	地区（事前値）				全体平均	地区（事後値）			
			横田	本郷	北	生桑		横田	本郷	北	生桑
上位	1. 生産の場の創造（エコノミー）	3.3	3.1	2.9	3.1	4.0	4.3	4.0	4.2	4.7	4.7
	2. 暮らしの場の創造（アメニティ）	2.7	2.5	2.3	2.8	3.3	3.8	3.7	3.9	3.6	3.9
	3. 環境創造（エコロジー）	2.2	1.9	1.8	2.4	2.5	3.5	3.4	3.8	3.4	3.5
中位	1.1 大区画農用地利用	3.3	3.0	2.9	3.1	4.0	4.3	3.9	4.3	4.9	4.1
	1.2 集落営農・特産物確立	3.3	3.2	2.8	3.1	3.9	4.5	4.2	4.4	4.6	5.3
	2.1 土地利用調整・区画整理	2.6	2.8	2.0	2.8	2.5	3.5	3.6	3.3	3.7	3.2
	2.2 生活基盤整備推進	2.9	2.2	2.7	2.8	4.1	4.0	3.8	4.5	3.5	4.6
	3.1 国土保全機能維持増進	2.5	2.5	1.9	2.7	2.8	3.9	3.9	4.1	4.1	3.8
	3.2 都市農村交流，農村定住推進	1.8	1.2	1.7	2.1	2.3	3.0	3.8	3.5	2.7	3.2
下位	1.1.1 大区画圃場整備	3.6	3.5	3.4	2.9	4.3	4.7	4.4	4.3	5.1	4.7
	1.1.2 生産基盤整備	3.0	2.6	2.4	3.2	3.8	4.0	3.4	4.2	4.7	3.5
	1.2.1 農用地適正利用管理	2.7	2.3	2.3	2.5	3.8	4.1	3.2	3.8	4.6	5.5
	1.2.2 有機の里づくり	3.8	4.1	3.3	3.8	4.1	4.9	5.3	4.5	4.6	5.1
	2.1.1 農地・農用施設の機能向上	3.6	4.3	2.6	3.7	3.5	4.6	4.9	4.4	4.7	4.5
	2.1.2 非農業的土地利用への転換	1.6	1.3	1.5	2.0	1.6	2.3	2.2	2.3	2.7	1.8
	2.2.1 集落生活環境整備	3.0	2.5	3.3	2.9	3.6	4.5	4.4	5.0	3.8	5.2
	2.2.2 集落共同活動の活発化	2.8	1.9	2.0	2.8	4.7	3.6	3.3	4.0	3.3	4.0
	3.1.1 機能維持増進・農林地基盤整備	3.1	3.5	2.1	3.2	3.6	4.3	4.1	4.5	4.6	4.3
	3.1.2 放棄地利用と保全管理の適正化	1.9	1.5	1.7	2.1	2.1	3.5	3.8	3.7	3.6	3.2
	3.2.1 地域資源保全と都市農村交流	2.2	1.3	2.3	2.6	2.7	3.1	2.5	3.8	3.0	3.5
	3.2.2 資産保全，都市住民受入	1.4	1.1	1.1	1.6	1.8	2.9	3.2	3.2	2.4	2.8

（注）目標到達度の事前値・事後値の値をそれぞれ10点満点に換算している．

ニティ目標到達度(2.7)＞エコロジー目標到達度(2.2)となっている．地区別では，特に生桑地区での目標到達度の評点が高くなっている．しかし，事前値に対して，事後的に土地改良事業の事業効果を評点化すれば，全体的には，事業効果は上がっているが，その効果の程度は「少ししか効果がなかった(評点2)」から「かなり効果があった(評点4)」に限定されている．

2) 便益価による評価

土地改良区の活性化における戦略目標は多面的であり，各目標群も多次元的である．そのため，活性化基本計画を策定するには，各目標群に即して地域の現状を目標到達度の形で把握する必要がある．そして，これら多面的目標のすべては同じ比重で一様にその実現を図ることは不可能であるため，各々の目標について相対的な重要性に基づいたウェイトをつけて重点化し，目標到達度と目標重点度との積を求め，それらを合計することにより活性化を総合的に定量化して捉えることができる．その定式化は次のように示される．

$$B = \sum_{i=1}^{m} x_i \cdot y_i$$

B：全体便益価

x_i：目標重点度（ただし$\sum x_i = 1000$）

y_i：目標到達度（$1 \leq y_i \leq 10$）

$i = 1, 2, \cdots, m$（評価項目となる目標数）

いま，目標重点度の合計を1000点満点として正規化し，各目標の重要度の重みづけを表わし，目標到達度(達成度)を10点満点で評価する場合，総合評価としては代替案別(ここでは地区別)に合計で1000点～10000点の便益価スコアで表わすことができる．このような便益価は活性度と呼ぶこともできる．

土地改良区の活性化計画の策定には，多面的な戦略目標の重点化を図るとともに，本町農業・農村整備の実態的な水準を，活性化の目標体系に即してできるだけ客観的に測定することが必要である．

表7.3に示すとおり，事前値と事後値を比較すると，便益価の純増順位(事前値/事後値)は，第1位・本郷地区1585(1.68倍)，第2位・横田地区1332

表7.3 土地改良区活性度の事前・事後比較

目標	地区	横田 増減数	横田 増減度	本郷 増減数	本郷 増減度	北 増減数	北 増減度	生桑 増減数	生桑 増減度
上位	1. 生産の場の創造(エコノミー)	313.8	1.32	436.6	1.49	686.0	4.72	341.1	1.22
	2. 暮らしの場の創造(アメニティ)	606.6	1.60	620.5	1.65	230.9	3.63	232.9	1.19
	3. 環境創造(エコロジー)	411.0	2.02	527.5	2.11	280.9	3.45	220.2	1.36
中位	1.1 大区画農用地利用	69.6	1.29	167.7	1.49	393.4	4.82	14.2	0.97
	1.2 集落営農・特産物確立	244.3	1.32	268.8	1.49	292.6	4.60	355.3	1.34
	2.1 土地利用調整・区画整理	115.7	1.33	229.3	1.63	110.7	3.76	99.6	1.24
	2.2 生活基盤整備推進	491.0	1.74	391.2	1.65	120.2	3.54	133.3	1.17
	3.1 国土保全機能維持増進	191.6	1.79	290.4	2.18	198.6	4.18	97.1	1.33
	3.2 都市農村交流,農村定住推進	219.4	2.36	237.0	2.03	82.3	2.78	123.1	1.40
下位	1.1.1 大区画圃場整備	26.0	1.26	47.3	4.34	157.6	5.06	13.5	1.08
	1.1.2 生産基盤整備	43.5	1.31	120.4	4.17	235.8	4.71	27.7	0.92
	1.2.1 農用地適正利用管理	104.7	1.44	158.7	3.83	221.6	4.59	241.5	1.45
	1.2.2 有機の里づくり	139.6	1.29	110.2	4.50	71.0	4.64	113.9	1.23
	2.1.1 農地・農用施設の機能向上	33.6	1.14	108.6	4.37	68.0	4.70	82.2	1.30
	2.1.2 非農業的土地利用への転換	82.1	1.79	120.7	2.33	42.7	2.70	17.4	1.12
	2.2.1 集落生活環境整備	334.8	1.74	211.5	5.00	79.9	3.76	187.7	1.45
	2.2.2 集落共同活動の活発化	156.2	1.72	179.7	4.00	40.3	3.30	-54.4	0.85
	3.1.1 機能維持増進・農林地基盤整備	20.6	1.17	142.8	4.50	106.3	4.59	39.0	1.22
	3.1.2 放棄地利用と保全管理の適正化	171.0	2.44	147.6	3.67	92.3	3.65	58.1	1.50
	3.2.1 地域資源保全と都市農村交流	91.5	1.98	105.1	3.83	41.4	3.00	56.3	1.30
	3.2.2 資産保全,都市住民受入	127.9	2.88	131.9	3.17	40.9	2.37	66.8	1.55
	合計	1331.5	1.55	1584.5	1.68	1197.8	1.42	794.2	1.24
	平均	111.0		132.0		99.8		66.2	

(注) 上・中位目標における効果値(10点満点)は,下位目標の効果を荷重平均したものである
 : 重点度は,実数ヨーヨー法による
 : 表中の数値は,表7.1,表7.2 から求めたものである

表7.4 地区別の土地改良区要推進度

目標		横田		本郷		北		生桑	
		未到達度	要推進度	未到達度	要推進度	未到達度	要推進度	未到達度	要推進度
上位	1. 生産の場の創造（エコノミー）	6.9	2189.2	7.2	891.2	6.9	2865.2	6.1	2398.5
	2. 暮らしの場の創造（アメニティ）	7.7	3312.8	7.7	963.8	7.1	2103.8	6.7	2416.4
	3. 環境創造（エコロジー）	8.4	2083.6	8.2	478.3	7.5	2188.6	7.5	1812.0
中位	1.1 大区画農用地利用	7.1	590.3	7.1	342.7	6.9	1566.6	6.4	807.2
	1.2 集落営農・特産物確立	6.8	1598.9	3.2	548.5	7.0	1298.6	6.1	1591.3
	2.1 土地利用調整・区画整理	7.5	1042.2	2.5	367.3	7.1	890.8	7.5	1249.8
	2.2 生活基盤整備推進	7.7	2270.6	2.3	596.6	7.2	1212.9	6.0	1166.6
	3.1 国土保全機能維持増進	7.8	882.0	2.2	249.6	7.2	1015.6	7.2	758.8
	3.2 都市農村交流，農村定住推進	8.8	1201.6	1.2	228.7	7.8	1173.0	7.7	1053.2
下位	1.1.1 大区画圃場整備	6.5	188.5	3.4	179.5	7.1	528.2	5.7	226.3
	1.1.2 生産基盤整備	7.4	401.8	2.4	163.2	6.8	1038.4	6.2	580.9
	1.2.1 農用地適正利用管理	7.7	898.6	2.3	236.7	7.5	795.8	6.2	878.5
	1.2.2 有機の里づくり	5.9	700.3	3.3	311.9	6.2	502.8	5.9	712.7
	2.1.1 農地・農用施設の機能向上	5.7	317.5	2.6	160.4	6.3	416.4	6.5	514.8
	2.1.2 非農業的土地利用への転換	8.7	724.7	1.5	206.9	8.0	474.4	8.4	735.0
	2.2.1 集落生活環境整備	7.5	1355.3	3.3	418.8	7.1	632.6	6.4	746.9
	2.2.2 集落共同活動の活発化	8.1	915.3	2.0	177.8	7.2	580.3	5.3	419.8
	3.1.1 機能維持増進・農林地基盤整備	6.5	227.5	2.1	124.1	6.8	534.5	6.4	321.9
	3.1.2 放棄地利用と保全管理の適正化	8.5	654.5	1.7	125.5	7.9	481.1	7.9	436.9
	3.2.1 地域資源保全と都市農村交流	8.7	652.5	2.3	156.9	7.4	718.5	7.3	509.5
	3.2.2 資産保全，都市住民受入	8.9	549.1	1.1	71.8	8.4	454.4	8.2	543.7

（注）重点度は，実数ヨーヨー方による
　　：上位目標・中位目標における達成度は，下位目標における達成度を加重平均したものである
　　：未到達度＝10－（速速度）
　　：要推進度＝（重点度）×（未到達度）

(1.55 倍), 第 3 位・北地区 1198 (1.42 倍), 第 4 位・生桑地区 794 (1.24 倍) となることがわかる. このことから, 本町の 4 地区のなかで, 本郷地区・横田地区において事業効果がより発揮されたことが分かる. そして, 今後の活性化計画策定のためには, 各目標について計画目標活性度から現況の目標到達活性度を差し引くことによって, その差「赤字」部分としての要整備活性度をもって, 計画の数値目標とすることができる (結果は, 表 7.4).

7.4 土地改良施設の維持管理費用負担

昭和 40 年代の高度経済成長期以降, 農村地域の混住化に伴って土地改良施設の地域施設的機能の増大, 土地改良事業による農外受益の発生等が進行してきた. 土地改良施設の持つ公益的・公共的役割の増大は, 従来からある土地改良施設本来の農業的機能の保全とともに, 地域や社会全体が受益者となる, 農村景観の維持や自然環境保全等にも同時に寄与していくという, 農内・農外の多面的機能の維持管理が必要となってきた. このため, 土地改良区の管理費用の組合員農家と住民等との負担基準を明確にし, 地域の社会的資産としてより適切に管理運営していくために, 関係者の受益の程度を計量化する必要が生じている. このような土地改良施設についての管理費用の負担割合については, 行政では従来から, 農業内部の土地改良施設としての便益および地域用途施設としての便益に分けて, 利用実態のコンテキストに即して下から積み上げて流量, 通行量, 面積等のタンジブル指標によって技術的に配分する方法をとってきた[vii].

また, 表 7.5 に示すように「国営及び都道府県営土地改良事業における地方公共団体の負担割合の指針について (平成 3 年 5 月 31 日付け 3 構改 D 第 389 号構造改善局長通達)」により, 市町村と土地改良区との負担割合を大局的に 40 : 60 に取り決める算出方法も示されている.

以上の農水省方式の費用負担算定の方法に対して, 本章では表 7.6 で示すように, 先に利用した活性度の便益価スコアを用いて管理費用の負担割合を

[vii] 農林水産省構造改善局管理課,『土地改良区の現状と課題について』, 1998.

表 7.5　土地改良施設管理費用の負担割合の算定標準

協議対象施設の造成を行う事業に対する事業	局長通達に示された標準的な費用負担割合 a	a に基づく管理費用の分担割合 b	備考（算定方法）
県営灌漑排水事業（一般，内地）	市町村 10 %（土地改良区 15 %）	市町村 40 % 土地改良区 60 %	10：15 ＝ 40：60
国営灌漑排水事業（一般，内地）	市町村 8 %（土地改良区 12 %）	市町村 40 % 土地改良区 60 %	8：12 ＝ 40：60

資料：農水省構造改善局長通達「土地改良事業における地方公共団体の負担割合の指針」
（平成 3 年 5 月 31 日付）

表 7.6　土地改良施設管理負担割合の受益便益価による算定（上位目標）

	事前便益価①		事後便益価②		純増便益価③＝②－①	
1. 生産の場の創造（エコノミー）	1174.0	42.9 %	1598.2	40.9 %	424.2	36.4 %
2. 暮らしの場の創造（アメニティ）	1001.5	36.5 %	1397.6	35.8 %	396.2	34.0 %
3. 環境創造（エコロジー）	563.9	20.6 %	908.7	23.3 %	344.8	29.6 %
合計	2739.4	100 %	3904.5	100 %	1165.2	100 %

算定する方法，つまり，多面的機能を明示的に表したそれぞれの目標のパフォーマンスで捉える方法の方が，より社会最適の費用負担割合が算出できると考える．この表で示している土地改良施設利用の便益の中では，一般には「生産の場の創造（エコノミー目標群）」の評価項目についての受益者は土地改良区である．他方，「暮らしの場の創造（アメニティ目標群）」と「環境創造（エコロジー目標群）」の評価項目については，町民，県民，および国も同時に受益者であると考えられる．

　こうした前提で，便益価（事後便益価）から管理費用の負担割合を算出すると，土地改良区 41，町・県および国の 59 の割合となる．これは，表 7.5 に示した土地改良区と市町村の維持管理費用の負担割合（土地改良区 60，市町村 40）とは違って，負担割合が逆転する．

　また，便益価の事前と事後比較による純増便益価から見ると，「生産の場の創造（エコノミー）」の 36.4 % に対して，「暮らしの場の創造（アメニティ）」と「環境創造（エコロジー）」は 63.6 % の割合となる．つまり，土地改良区

7.4 土地改良施設の維持管理費用負担

36に対して，町・県および国が64であることを示しているのであるから，事業実施後の合計便益価から見ても，また事前・事後比較による純便益価から見ても，いずれの場合も農水省方式の評価結果とは違って，市町村等と土地改良区との負担割合はほぼ60：40に逆転する．

これらをさらに町・県および国の負担割合64/100を細分化してみると，仮説として以下のようなことが考えられる．町・県，国が受益者である「暮らしの場の創造（アメニティ目標群）」と「環境創造（エコロジー目標群）」のうち，「土地利用調整・区画整理」および「生活基盤整備推進」の受益者は町，「国土保全機能維持」の受益者は国，そして，「都市農村交流，農村定住推進」の受益者は県というように仮定してみることができる（いずれも「中位目標」）．

このことから「活性度」の便益価スコアを用いると，町（事前便益価502.4/事後便益価713.7），県（同259.8/486.6），国（同292.1/425.3）となり，便益価の増減による負担の割合は，町37.0％，県39.7％，国23.3％とすることができる（表7.7，参照）．さらに，表7.7で求めた土地改良区との負担割合から，土地改良区36に対して町・県および国64は，町24・県25・国14に細分化することができる．

以上，施設維持管理費用の負担割合については，流量，面積等の指標により「下から」の積み上げによるコンテキスト型算定方式を行うか，または，土地改良事業効果の便益価スコアリング・モデルを基準に，「上から」の設定目標とそれぞれの受益分としての便益価を用いた本章のパフォーマンス型算定

表7.7　町・県・国の負担割合細分化の算定（中位目標）

	事前便益価①		事後便益価②		増減便益価②−①	
町	502.4	47.7％	713.7	43.9％	211.3	37.0％（23.7）
県	259.8	24.6％	486.6	29.9％	226.8	39.7％（25.4）
国	292.1	27.7％	425.3	26.2％	133.2	23.3％（14.9）
合計	1054.3	100％	1625.6	100％	571.3	100％　（64）

（注）（　）内の数値は町・県および国の全体に占める（土地改良区も含む）負担割合である．

方式によるのとどちらの方法がより合理性を持つかは，さらに考察する余地はあろう．しかし，貨幣評価が可能なタンジブルな技術的指標の下からの積み上げでは，インタンジブル効果の評価のできない点で，社会最適の評価が成し得ないことは明らかである．

7.5 まとめ

　農内効果だけでなく農外効果もあり，また経済効果だけでなく経済外効果も多面的に発現するのが，土地改良事業効果である．そのため，土地改良施設の維持管理を受益農家だけによる費用負担という考えでは，農外受益者のいわゆるフリーライダー問題を生じることになり，受益者負担の原則に相反し結果としては過小整備をもたらすことになりかねない．

　本章で用いた便益価分析法は，目標のスコアリング・モデルによる便益価評価によって，経済効果だけでなくインタンジブルな経済外効果をも評価できるため，従来の費用便益分析の限界を補い得るのである．便益価とその増加分は，それぞれを受益する便益価割合に応じて受益者ごとの対価の支払いを決定するのであるから，この方法による費用負担は，既存の方法と異なり，社会的により効率的，より合理的な費用負担方式であるということができる．また，費用負担とともに，広くは公共事業実施の効率化，事業の計画決定過程における透明性の向上とアカウンタビリティという観点からも，関係者のコンセンサスづくりに適していると言えよう．

　しかし，便益価分析法自体が便益価スコア評価による計測法であるため，市場評価と違って説得力に欠けることは事実である．そのため，この方法を貨幣で評価する費用便益分析と組み合わせた費用対効果の測定方法を新たに開発して，費用負担の絶対価額を算定する新しい評価法を開発する必要が今後の課題として考えられる．

（木原　隆・相川哲夫）

第8章 中山間地域自立促進への新たな計画コンセプト

8.1 農村地域政策のパラダイム転換過程

　この半世紀，前史を含めて5次にわたる全国総合開発計画の歴史に示される地域政策のパラダイム転換とその計画手法は，次のようであった．

　第Ⅰ期；集中・集積の利益の政策的追求による空間分化の促進，およびその結果生じた過疎・過密の新しい地域カテゴリーと空間摩擦回避のためのキャピタル・トランスファーの手法．

　第Ⅱ期；地域振興の「拠点・開発軸」手法による「産業立地の適正化」と「開発可能性の全国土への拡大・均衡化」を目的とする，ヒエラルヒー的な垂直ネットワークの国土構造の形成．

　第Ⅲ期；「国土の均衡発展」という規範的理念のもと地域格差是正のため，社会指標（「シビルミニマム」）手法によるすべての地域（「定住圏」）における定住条件の等価性の実現と生産，生活，環境面の一体的整備．

　第Ⅳ期；「多極分散型国土形成」の促進を目的として，集積の限界を超えている大都市中枢機能の多極分散，つまりは地域間では，地域分担と適正配置という空間機能分業の新しいコンセプトを取り込みながら，地域内では従来通り，すべての地域で生活・居住条件の等価性の確保という均衡発展の考え方を継承する．ここでは，一方で新しい空間分業コンセプトを計画手法として導入するものの，他方では空間均衡の規範的コンセプトを継承している点で過渡的，経過的で，両コンセプトの混在する機能分担による国土の均衡発展，ないし均衡的機能空間と言えるコンセプトとなっている．

　第Ⅴ期；「地域の自立の促進と美しい国土の創造」の理念のもと，地域間とともに地域内においても，地域の主体的な責任ある選択と負担の下での空間機能特化型の，「重点（優先）地域」概念に基づいた機能分担による国土の創

造発展，ないし機能空間的分業コンセプトによる水平的ネットワーク化手法の国土形成．

　以上のような地域計画の目的＝手段の展開過程，すなわち，過疎・過密の新たな地域カテゴリーに繋がっていく空間分化と集積の促進（第Ⅰ期）→「拠点・開発軸」による地域振興（第Ⅱ期）→ 地域格差是正とすべての地域の均衡発展命題のもとでの定住条件の等価整備＝定住圏構想（第Ⅲ期）→ 地域間での多極分散による大都市機能の地域分担と並行して，地域内では均衡発展を追求するという機能分担的均衡発展（第Ⅳ期）→ そして，「美しい風格ある国土の形成」のため，効率的な空間分業と機能重点地域といった政策手法（第Ⅴ期），このような流れで最も議論の多いのは，美しく風格ある「国土の創造発展」のための機能空間的分業コンセプトの導入によって，これまで当然視されてきた「国土の均衡発展」という規範的な公理が捨象されることになり，農村部，とりわけ中山間地域についての多面的公益機能への重点化は，他方では，その定住条件の等価性の確保という地域格差是正命題を今や疑問視させることになる．特に，就業機会や所得水準の確保等，エコノミー面のミニマム・スタンダードの要求と，アメニティやエコロジー面のそれとはここではトレードオフになり，地域整備の政策パラダイムに大きな転換をもたらす．同様に，農政面で従来通念化してきた生産面と生活面・環境面との総合的な，いわゆる一体的整備の手法についても，大きく疑問を投げかけることになる．

　しかし，空間分業，重点（優先）地域といったコンセプト自体については，今日新しい財政負担型農政手法として議論中の，中山間地域の多面的な公益機能特化に対する対価の支払いとしての「内部化」問題，すなわち「補償原理」の適用に見られるように ―「直接所得補償方式」，「直接支払い方式」等々 ― この概念は，一義的に明快なコンセプトとして全面的に理論展開されたものとは言えない．しかし，実際の政策面では既にスケジュールにのぼっている手法ではある．

　いずれにしても，地域計画のコンセプトのこのような流れは，まずは時代の変化に対応した時系列の展開として捉えられるが，それ以上に計画の目的

＝手段の内容面で，より精緻化され，より具体化され，よりオペレーショナル化される形で，コンセプト自体の内容進化をも示す展開となっている．

8.2 過疎・過密地域カテゴリーによる計画コンセプト

日本の戦後復興過程で生じる最初の地域問題は，その前半においては農村部から都市部への地滑り的な，「挙家離村」型の人口流出による都市の肥大化と対極の農村部の人口激減であり，両者の間には人口密度だけでなく，インフラの整備水準，経済活動レベル等において明らかな先進・後進の地域格差の生じ始めたことにあった．これは，市場機構における集積の利益追求の必然の結果であった．

そしてその後半においては，さらにこのような人口動態が集積の最適規模（Ballungsoptimum）を越え，過疎・過密といった新しいプロブレム・エリアを生じるに到る．そこでは集積の経済的利益よりも，その不利益（地価暴騰，交通渋滞，各種公害深刻化など，いわゆるソーシャル・コスト）の増大が社会問題化するに及んでは，ここに新しく国土政策の必要が生じ，過密都市部からの政策誘導（工業再配置）による過疎農村部の「開発」が進められることになった（図8.1）．

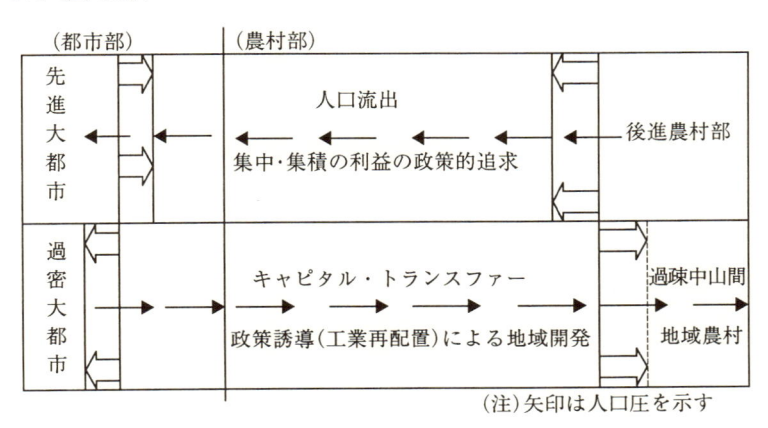

図8.1 「過疎・過密」の地域カテゴリーとキャピタル・トランスファー（地域政策手法Ⅰ）

「産業立地の適正化」を図ることを目的に制定された『国土総合開発法』(1950年)には，しかしながら，いまだ過疎・過密の地域間格差是正といった，国土の均衡発展の地域整備政策の理念はない．そこにあるのは，あくまでも国土の「開発」であり，まずは開発によって国民総生産の増大というパイを大きくすること，それによって迂回的に過疎地域へのパイの配分も可能になり，人口誘導もできるということであった．

過密化都市部の経済成長に伴う各種のソーシャル・コストの増大，それと対をなす過疎化農村部の人口流出，働き口不足，インフラ未整備，辺地集落の崩壊等の市場の失敗は，国土利用の偏在という点で政治的には望ましくなく，市場機構への公的介入によって計画的に是正されねばならなかった．しかし同時に，国民総生産の増大という政策の至上命題のためには，その地域政策は，高い経済成長を保証するものでなければならず，そのことによって迂回的にのみ地域振興を期待するものであった．こうして，公共事業主導による官民の集中的なキャピタル・トランスファーによる工業再配置と人口誘導の地域政策が行われた．しかし，結果的にはこのような地域政策は，太平洋ベルト地帯への一軸集中をひき起こして，いわゆる「政府の失敗」をもたらす．

以上に見るような，当初の地域政策における国土利用の偏在是正といった「秩序」の規範的理念と，「開発」理念との合体による「一体的推進」・「一体的整備」の手法は，その後の国土政策の伝統として長く継承されていく．しかし，その前提となるのは右肩上がりの経済成長に対する信仰であり，開発のポテンシャルは今後も無尽蔵に調達できるという予定調和的な仮定である．この前提が崩れるとき，地域政策のパラダイムは大きく転換せざるを得ない．

8.3 振興拠点・開発軸による計画コンセプト

『国土総合開発法』の制定を経て10余年後には，高度経済成長期に入る段階の『一全総』で打ち出された「拠点開発構想」による地方での新産業都市建設事業，『二全総』における新幹線，高速道中心の「大規模プロジェクト構

8.3 振興拠点・開発軸による計画コンセプト

想」が示された．そして，この2次にわたるビッグプロジェクトによって，日本列島改造とも称された地域開発が行なわれることになる．

　この拠点開発とそれらを繋ぐ構造軸のコンセプトは，一般的には「中心地の理論」（W. クリスタラー）に基づくものであり，農村部，とりわけ後進地域の地域振興のための基本的な開発パターンと考えられた．地域計画の実際においては中心地のヒエラルヒー的拠点性のシステム設計思想において，それらを線的に結ぶ「開発軸」の大・中・小動脈システムによって補完するところの，いわゆる「拠点・開発軸（"punkt-axiales System"）」として適用されてきたものである．

　この拠点・開発軸コンセプトの適用に特徴的なことは，「中心地」の拠点性の計画的なヒエラルヒー化とその全国的なネットワーク化である．東京を頂点に，いくつかの大都市が上位拠点に位置づけられてより高次のインフラの整備と開発が行なわれる．この上位拠点の圏域内にいくつかの地域振興の中心地を位置づけて中位拠点とし，さらにその下に下位拠点，小拠点を位置づけるというように，上位拠点 → 中位拠点 → 下位拠点の垂直ネットワークの秩序のなかでインフラ整備と開発が進められた．新産業都市建設も，このようなヒエラルヒー的拠点性の仕組みのなかで開発・整備された．そして，農村部の地域計画では，この時期，いずこの地域計画においても工場誘致・企業誘致による雇用の確保が課題とされ，共通の関心事になった．

　すなわち，農村部からの人口流出対策として，農村部の定住環境のインフラ整備による定住促進と一体的に，地方への工場誘致・企業誘致による雇用の創出が図られたわけである．しかし，これら企業の地方への立地集積も，中枢管理の本社機能や研究開発機構は専ら上位拠点の大都市に依存して，下位拠点では生産機能だけを担うという，中枢＝依存の関係に位置づけられており，結果としては東京一極集中をもたらして，むしろ地方農村部との構造格差は拡大するばかりとなった．それに労働節約的技術進歩も加わって，地方農村部での雇用創出は，「人口流出」を押し止め得るほど進むことはなかったのである（図8.2）．

　この拠点・開発軸コンセプトの問題点は，その地域振興課題のもつ相矛盾

第8章　中山間地域自立促進への新たな計画コンセプト

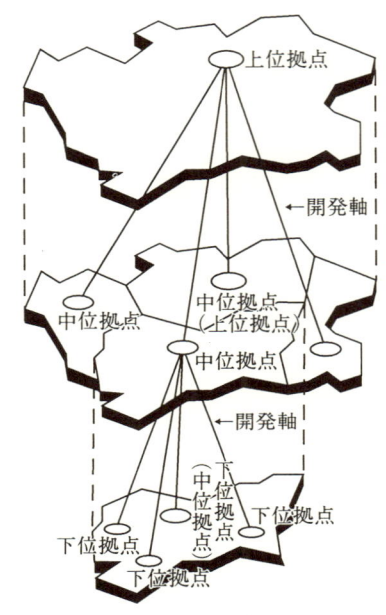

図8.2　「振興拠点・開発軸」コンセプト（地域政策手法Ⅱ）

する二面性である．農村部から都市部への「人口流出」を押し止めるためには，一方では国土の均衡発展という規範的な秩序の観点から，格差の生じてきた都市と農村との定住条件の平準化と等価性を確保し，農村地域の定住環境整備の格差是正と定住インフラ供給の課題を満たすことが求められる．しかし他方では，資本の論理を中心に，この高度経済成長下で地方中心地に官民の投資を集中して企業の立地集積をより効率的に進めることで，地方での雇用創出を図っていくという開発の課題もある．

この課題の二面性にもかかわらず，生産面と生活面との「一体的整備」による地域振興の名目のもとで，その実は，『一全総』，『二全総』では開発の課題を専ら優先させて，定住インフラの供給課題は単なる補償工事的意義に止められた．しかし，『三全総』ではその矛盾への対応を迫られることになり，定住インフラの供給課題を「シビルミニマム」手法によって解決しようとする．

　一極一軸集中の開発中心か，国土の均衡発展の中心かという拠点性概念の相反する二面性の問題は，本来，中心地理論の有する二面性の問題でもあった．

中心地の理論の創始者W. クリスタラーは，1933年『都市の立地と発展』（原題『南ドイツにおける中心地』）において，定住空間構造とその空間分化のメカニズムを明らかにしている．そこでは，「都市の数と規模及びその分布を規定する法則は存在するのか」と課題を設定する．そして，中心地の供給する中心財・サービス，すなわち教育・文化・医療・行政等インフラ関連財・サー

8.3 振興拠点・開発軸による計画コンセプト (165)

ビスを含めて第3次産業の財・サービスの,中心地からの輸送費に係る需給関数に基く到達範囲 ── これは積み荷密度最大化原理により正六角形蜂の巣状をなす ── を市場圏とする供給者立地モデルを画く.このモデルは,最上位の第1次中心財の形成する市場圏を外延的到達範囲に,それぞれ下位の第n次中心財の内延的到達範囲を含みながら,全体としては,中心地とその圏域のヒエラルヒー的体系において,市場ポテンシャルの利用最大化と輸送コストの最小化を実現するところの,定住空間の最適立地構造を示すことになる.

より上位の中心地はより上位クラスの中心財の供給を,より下位の中心地はより下位クラスの中心財の供給課題を担う形で空間均衡を実現するというこのクリスタラー・モデルは,すべての人びとに公平に,インフラ供給のミニマム・スタンダードと定住環境の等価性は保障することによって国土の均衡発展を図るという,すぐれて規範的な性格を有するものであった.

これに対して,中心地の理論の再定式化を目論むA.レッシュは,1940年その『経済立地論』(原題『経済の空間秩序』)において,新古典学派的な空間経済理論のより広いフレームで立地構造の分化と集積のメカニズムを明らかにする.

レッシュ・モデルでは,人口,したがって購買力の地理的に均等な分布を前提に,競争の結果として,空間におけるそれぞれの経済活動は正六角形蜂の巣型市場圏として成立するとき,経済全体としては,供給主体(立地)の数の最大化と所与の市場ポテンシャルの利用の最大化を結果することによって,最適の空間立地構造を示す.その空間均衡の条件は,需要関数と費用関数の均衡による財の到達範囲にあり,それは,この市場圏の一定の需要を満たすための最適の経営規模の大きさによって規定されている.それゆえ,レッシュ・モデルでは集積の「内部経済(不経済)効果」,すなわち規模の経済(不経済)が立地要因として特に重視される.網状市場圏の空間的均衡が崩れるのは,この「集積」の要因による.各種の財について,それぞれの市場圏の中心の重なり合う生産立地の集積地(中心地)が都市を形づくり,そして地域全体としてはさらに一つの大都市とその周りに中都市,さらには小都市と求

心的に，ヒエラルヒー的秩序において経済空間の分化，すなわち「空間分化（spatial differentiation）」をひき起こすのである．レッシュは，このような分化した空間の地域体系のことを「経済景観」と称するのであった．

均衡空間から分化空間への立地構造の分化メカニズムを更に明快に解き明かしたのが，W. アイサードの『立地と空間経済』（1956年）であった．それまでの古典的な立地論の，輸送費や地代といった価格機構の空間分化要因に加えて，ここでは空間全体の厚生最大化の観点から，資源配分機構として非価格機構の「集積効果（agglomeration-effects）」，特にその「アーバニゼーション効果」——異部門集積の空間経済（不経済）効果の意——による外部効果の問題を真正面から取り上げ，拠点開発の中心地理論をいっそう発展させた．

しかし，その後アイサード自身は「立地論のヒューマニゼーション化」と呼ばれる方向で，故郷志向や美しい景観，アメニティといった「経済外的」な，社会学的，美学的，心理学的な地域選好の定住空間構造要因の意義をより重視するようになり，それゆえ人間らしい暮らしの質を支える定住インフラの供給を重要な立地要因とみなし，その学際的な「地域科学」にまで体系化していくことになる．

以上，中心地の理論は，もともとは国土の均衡発展という規範的命題から出発しており，人口流出に対する対策として，地方・農村部への定住促進のためのインフラ供給課題を主目的に提起された理論である．それにもかかわらず，実際の政策（拠点・開発軸コンセプト）では，生産面と生活面との「一体的整備」というやり方で，定住インフラの供給は，たかだか生産面における開発課題の補償工事的意義のものでしかあり得なかったのが現実であった．

こうして，地方・農村部での拠点整備にもかかわらず，都市部との構造格差の解消に到ることはなかったし，都市と農村との間には種々の空間摩擦が激化することになった．これが次の『三全総』の定住圏構想の課題となる．

8.4 定住圏・シビルミニマムによる計画コンセプト

　高度経済成長期の終えんと資源希少性の時代の始まりのなかで，制定の『国土利用計画法』は，その基本理念を「国土の均衡発展」とした．これは，市場メカニズムによる資源配分が一極一軸集中にあったことに対するアンチテーゼであり，市場の失敗による各種の空間摩擦の解消のための政策上の「公理」，ないし「規範」として示されたものである．この公理に照らして，地域間格差の是正と定住環境条件のすべての地域での等価性の実現の問題が，新たな地域問題となる．

　健康で文化的な生活環境の確保と国土の均衡ある発展を図ることを基本理念に置き，この問題解決の政策手法として示されたのが，『三全総』における国土の「定住圏」コンセプトによる空間編成とその内容として，いわゆる「シビルミニマム」という形でのナショナルな「社会指標（Social Indicators）」の導入であった．「定住圏」を地域単位に，地域間の構造格差のこれら指標によるオペレーショナル化とともに，これら指標毎に地域整備の水準にミニマム・スタンダードを設定することによって，政策メニューと要整備量を把握することが，社会指標による計画手法である．

　国民福祉指標，社会福祉指標，生活水準指標，福祉水準指標など種々の用語で呼ばれるこの社会指標は，価値観の多様化のなかで，貨幣によるフローの大きさ（国内総生産 GDP）だけでは表せない「豊かさ」を多面的にとらえるため，非貨幣的なストックの質を表わす指標群によって，地域の社会的福祉の程度を体系的に捉えようと開発されてきたものである．わが国で初めてこの社会指標が具体化された国民生活審議会『社会指標 — よりよい暮らしへの物さし —』（昭和 49 年）によれば，社会指標とは「国民生活の諸側面あるいは社会諸目標分野の状態を包括的かつ体系的に測定する非貨幣的統計を中心とする統計指標体系である」（同書 13 頁）と規定されている（図 8.3）．

　この最新版は，経済企画庁『99 年版・新国民生活指標』（通称・豊かさ指標）では，暮らしの豊かさを「住む」「費やす」「働く」「育てる」「癒す」「遊ぶ」「学ぶ」「交わる」の 8 分野に分け，170 個の統計指標によって構成している．

(168)　第8章　中山間地域自立促進への新たな計画コンセプト

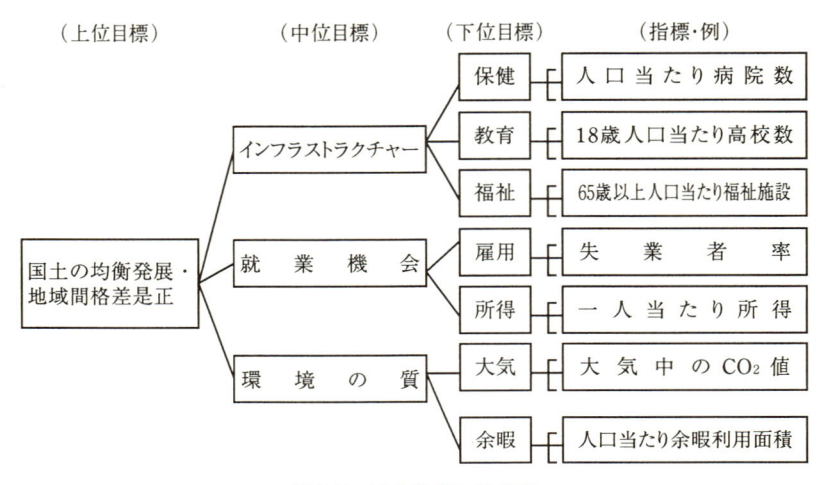

```
（上位目標）          （中位目標）        （下位目標）    （指標・例）
                                         ┌ 保健 ─ 人口当たり病院数
              ┌ インフラストラクチャー ─┼ 教育 ─ 18歳人口当たり高校数
              │                          └ 福祉 ─ 65歳以上人口当たり福祉施設
国土の均衡発展・┤
地域間格差是正  ├ 就 業 機 会 ──────┬ 雇用 ─ 失 業 者 率
              │                          └ 所得 ─ 一 人 当 た り 所 得
              └ 環 境 の 質 ──────┬ 大気 ─ 大 気 中 の $CO_2$ 値
                                         └ 余暇 ─ 人口当たり余暇利用面積
```

図 8.3　社会指標の体系例

　計画手法としての社会指標は，計画期間の当初に各指標の現況値（事前値）を測って地域間の格差を求め，これを目標値（ミニマム・スタンダード）と比較して，どの地域に，どの分野で，どれだけの目標との差（赤字）があるか，また計画期間終了後には，実際の到達値（事後値）がチェックされることによって，成果管理が行われる．こうして，地域別のミニマム・スタンダードを合計することによって，全体としての国土の均衡発展，それゆえ地域格差の是正と暮らしやすさの諸条件の等価性が確定される．すなわち，格差のある地域や分野別に格差に生じてミニマム・スタンダードを実現するための政策投資が行なわれ，地域横並びでの暮らしやすさの仕掛けづくりが行なわれることになる（図 8.4）．

　だが，社会指標についてはその本来的な問題として，一つには時間の経過と共に可変的である「よりよい暮らしへの物さし」についての人間の知識の不完全さがあること，二つには「ゆたかな社会」の多次元化した価値観のもとで人びとのコンセンサス形成の難しさ，そして三つ目には，これら非貨幣的指標についての操作可能性の問題，とりわけ心理学的な，美学的な，いわゆるインタンジブルの指標群の欠落の問題がある．こうした問題点のため，

8.4 定住圏・シビルミニマムによる計画コンセプト （ 169 ）

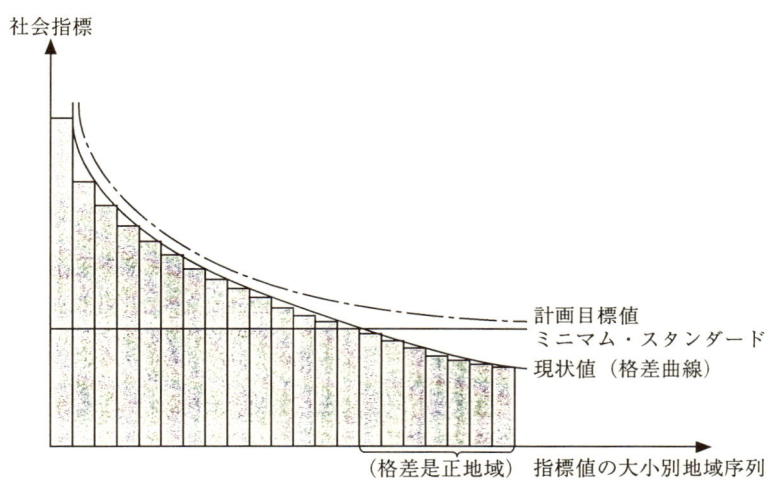

図8.4 地域格差是正（「国土の均衡発展」）の社会指標アプローチ（地域政策手法Ⅲ）

その内容や体系性については未だ確定されたものはなく，試行錯誤の改訂が続けられてきた経過がある．

加えて，21世紀に入った今日に到るまで進められてきた様々な施策の推進により，地域間格差はかなり縮小してきており，「21世紀初頭には社会資本が全体として概ね整備されていることを目標とする」（『公共投資基本計画』，平成9年6月）と言われているレベルの現状にある．

このようななか，例えば『過疎法』についてさえ，現況過疎地域の生活基盤や道路等の整備がほぼ一巡したという現状認識に基づいて，この10年時限立法3回目の期限切れに当たる平成11年度には，法改廃をめぐって賛否両論の激しい議論が行なわれてきたところである．

〔注記〕

　平成12年3月に制定された新過疎法（平成12年4月1日〜平成22年3月31日の時限立法）では，過疎地域を「多様な居住・生活様式を実現できる場」として整備するため，法の名称とともに「目的」が大きく変更され，旧法での「地域の活性化」概念はすべて「地域の自立促進」に置き換えられ，また「地域格差の是正」に並んで，

「及び美しく風格ある国土の形成」に寄与することが「目的」に新たに追加された（第1条）．そして，第3条・過疎地域自立促進のための対策の目標には，「美しい景観整備，地域文化の振興等を図ることにより，個性豊かな地域社会を形成すること」，「起業の促進」，「過疎地域の情報化及び地域間交流の促進」の事項が新たに追加された．

さらに，『五全総』においては「地域の自立の促進と美しい国土の創造」が目標とされ，いわば東京主導の画一的な雁行型発展ではなく，地域がそれぞれに突出した多様な個性の創出と独創性による自立的機能の発揮が求められていること，そしてそうした各地域の特色ある機能を，有機的で水平的にネットワーク化するという諸機能の地域分担と相互補完によって，多様性ある国土を実現していくという国土構築の戦略転換がある．

こうした状況のなか，'99年版『新国民生活指標』（通称・豊かさ指標）の公表に当たっては，その改廃をめぐって相当の議論が行なわれている．一方では，これからは地域が独自の豊かさと魅力づくりを築いて行こうという時代に，県単位に横並びのフルセット主義で，すべての社会指標についてその等価性を担保しようとする「シビルミニマム」方式では，全国どこへ行っても一通り最低限のものは揃ってはいるものの，中途半端で魅力に乏しいコンビニ型の画一的な地域が出来上がってしまったことが反省されており，国土の均衡発展と格差是正のコンセプトの陳腐化の観点から，「豊かさ指標」の打ち切り論が出されてきた．

また，他方では地域の豊かさを測るのに，これまでのような「人口当たりの施設数」といったタンジブルな指標だけでは真の豊かさは測れないとして，「街のバリアフリー度」や「公共交通ターミナルのやさしさ度」，「宿泊施設に関する情報提供度」など，インタンジブルなソフト指標の導入といった新しい評価の仕組みの提案の動きもある．

いずれにしても時代状況は変わってきた．今日の自然志向ニーズと多様な暮らしの立て方を求める国民の新しい価値観，また高度情報化のIT革命で時間と距離の空間克服コストの大幅低下といった条件変化のなか，人と企業の立地選択の自由度は大幅に拡大し始めていること，また人口動態にも注目す

べき動きがあり，西ヨーロッパ，特にフランスで顕著に見られるいわゆる「カウンター・アーバニゼーション」，すなわち過去数百年続いてきた農村から都市への人口の流れに対して，1995 年以降都市から農村への人口逆流が生じているのであるが，同様な動きが日本でもあり，J・I・Uターンや定年帰農，やがて迎える団塊世代の大量のリタイヤ期とリストラ進行を背景に，連合でも「百万人故郷回帰運動」を計画している，といった状況がある．

　これまでは集積の低さやアクセスの不便といった克服困難な条件不利地域には，こうして，今までにない発展へのチャンスがもたらされようとしている．それだけに，今後ますます予想される地域間競争の激化のなかで，人や企業，国をも引き寄せることのできる地域の突出した魅力づくりが問われることになる．これまでは当然視されてきた横並び護送船団方式での地域間格差是正の時代は終わり，これからの 21 世紀の農村部，とりわけ中山間地域にとっては，「美しい風格ある国土の形成」といった地域個性への重点特化と，地域間相互の空間機能の分担，そして「情報化」や「地域間交流」の促進による地域連携・調整が課題となる．

8.5　空間分業による計画コンセプト（I）

　地域整備の政策手法から言えば，昭和 63 年制定の『多極分散型国土形成促進法』と『四全総』の「交流ネットワーク構想」は，それまでの「国土の均衡発展」理念の一部軌道修正であり，空間機能，特に大都市中枢機能の多極的な地域分担と相互の機能連携という，機能特化の空間分業コンセプトの部分的導入によって，政策手法の展過過程で一つの段階をなすと考えられる．ここで，一部軌道修正というのは，全国レベル，ないし広域レベルの地域間では，人口および行政，経済，文化等に関する大都市中枢機能の地方分散とその分業化を図るという新しいコンセプトへの転換が打ち出されはしたものの，しかし，地域の内部では，従来どおり「定住圏構想」によるシビルミニマム的均衡発展と地域間格差是正の考え方が採られているからであって，その意味で，この「均衡的機能空間」コンセプトは，経過的な政策手法と言える．なぜなら，空間機能の全面的な，すなわち地域間だけでなく地域内をも

含めての全面的な空間分業コンセプトが，次期全総計画で本格的に政策展開されるからである．

　国土の機能分担的均衡発展，すなわち均衡的機能空間（ausgeglichene Funktionsräume）のコンセプトには，一方では従来からの規範的な均衡発展＝地域間格差の是正のコンセプトを継承しながらも，しかし他方では地域間格差，ないし地域個性の新たな創造につながっていくような，空間機能の分業発展＝地域分担による機能特化コンセプトの部分的な導入という，二つの相異なる考え方が含まれている．

　すなわち，「多極分散型国土形成」の狙うところは，大都市中枢機能の全国，ないし広域レベルでの地域分担によって推進される地方振興拠点都市への都市機能の空間分業，とりわけ所得・就業機会といった経済機能のこれら地方都市への分散と集積である．そして，それと一体的に，周辺農村地域の構造的格差をミニマム・スタンダードを基準にして是正を図っていくという計画手法である．このようなやり方によって，地域内で，一定水準以上に労働市場が整備されて所得向上が図られるのであるから，周辺部農村地域は他の地域に人口流出することなしに，自立した地域単位として，通勤可能な地元の「地方振興拠点都市」で働き口を見出し得ることになる．

　もっとも，この期の大都市中枢機能の地域分担による，「多極分散型」の国土形成で促進される地域の自立は，いわば東京を頂点に，「中枢」と「依存」という垂直的なネットワークに組み込まれたかぎりでの地域の自立と「交流ネットワーク構想」（『四全総』）であった．このような政策手法のもたらす帰結は，地域個性の埋没であり，地域の特色の失われた画一的な国土形成という「新しい地域問題」を生じさせたのであった．

　しかし，次第に激化していく地域間競争のなかでは，地域の突出した魅力づくりを進めていくため，「多極分散」型の広域での都市機能の地域分担とともに，自立した地域単位の内部でも分業化を図り，都市部と農村部との役割分担を推進することが必要になる．そこでは農村地域の空間機能の意義は基本的に変わり，農業生産機能とともに，環境保護，水源かん養やエコロジーといった，国土保全，また都市住民のための余暇レクリエーション，地域文

化の振興などの多面的公益機能をも同時に引き受けて，「美しい国土の創造」に向けて機能分担と個性化を図らねばならなくなる．他方，都市部には，そうした農村部の多面的公益機能を支えていくための費用負担が求められることになる．

8.6 空間機能分業による計画コンセプト（Ⅱ）

（1）機能空間的分業の概念

　空間分業（räumliche Arbeitsteilung）の概念は，成熟社会の時代，また資源希少性の時代に重視されてくる地域計画の新しいコンセプトである．この概念については，従来明示的に論じられることはなかったが，しかし，「国土の均衡発展」や「多極分散型国土形成」といった政策理念にも，また空間構造，定住構造，市場圏，企業の立地選択，地域間競争，等々の理論テーマに係わっては，すでに含意的にはこの概念が含まれると言える．

　空間分業の概念も，一般の分業概念と無縁ではない．それは分業効果の空間次元での把握と言えるが，その意味するところは，一つは経済的に，他は社会的に分業効果を捉えることにある．経済的分業では，地域の経済活動に係わる専門化とそのスケールメリットの追求であり，社会的分業では，生活基本機能に係る空間分化と地域分担による人びとの暮らしやすさの機能的編成メリットの追求と理解され，両者は区別される．

　周知のようにアダム・スミスの分業概念では，ピン製造業の例による作業場内での技術的分業が熟練と時間節約をもたらして，コスト引き下げによる労働生産性の向上で利潤を増大させることから論じ始めて，それがやがては職業分化といった社会的現象についての社会的分業にまでいたるというように，そこでは経済的分業と社会的分業との概念的な混同が，従来から指摘されている．両者は区別しなければならない．

　スミスによれば，市場での交換はその当事者のすべてに利益をもたらすのであるから，一定の生産物や作業，生産工程に専門化すること，その規模の経済を追求することによって，生産性の向上とコストを引き下げて交換を拡大し，人びとに利益をもたらす．ここでは，技術的分業は利潤動機の経済的

第8章 中山間地域自立促進への新たな計画コンセプト

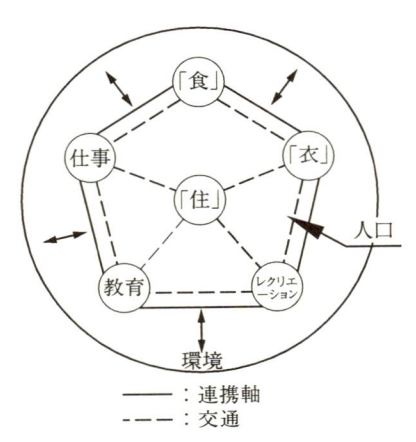

図8.5 生活基本機能の空間分業と機能的編成モデル
―― ：連携軸
--- ：交通

専門化を意味するものであった．地域の場合も生産企業と同じで，経済的目的をもって，地域がある同種の特定の財・サービスの生産に専門化することは，事実として普通に見られる空間分業である．

これとは異なって，職業分化のような社会的分業は，社会現象や社会の全体過程の分化を意識的に進めることによって，人びとの暮らしやすさに関する社会的必要をより機能的なものに編成していくことが目的である．地域整備政策にとってこの概念は重要で，職住接近のテーマのように，人びとの生活基本機能を空間においてより機能的に立地配置することを目標に，「空間分化」の理論を用いながら，いわゆる「機能空間的分業（funktionsräumliche Arbeitsteilung）」のコンセプトとして政策展開することになる．ここでは，人びとの暮らしやすさの実現が目的で，そのために生活基本機能に係る空間利用の計画的な立地配置と地域分担を推進する（図8.5）．

もっとも，経済的専門化としての空間分業と社会的分化としてのそれとは，厳密に言えば無条件には区別できないところもある．例えば，職業の分化が経済的分業の必然的産物であるように，市場機構の中でマクロには，社会的分業は経済面での専門化と経済の発展段階の結果として関係がないわけではない．

しかし，地域計画では両者は区別されるべきで，機能空間的分業のコンセプトによって意味するところは，一方では経済効果のいっそうの発揮のため特定の財・サービスに専門特化する部分空間を重点整備することとともに，他方では全体的空間としては，よりよい暮らしやすさの観点から，計画的な空間分化をすすめ生活基本機能のより機能的な空間編成を図っていくことに

ある.

　しかし，空間分業ということが空間機能相互のトレードオフを意味するかぎりにおいては──エコノミーとエコロジーとの関係のように──経済的分業と社会的分業とは常に緊張関係にあり，そこには空間分業の最適化の問題が生じる.

(2) 地域間競争と空間分業の最適化

　市場での競争メカニズムがその不完全さの故に，全体空間での厚生最大化には失敗するのと同じように，地域間競争も，予定調和的に空間機能の地域分担に最適化を保障するとは言えない.

　むしろ，多くの地域が資源再配分や投資誘致，販路拡大を巡って相互に競争し合うことの結果は，私的経済主体の場合と同様に，優勝劣敗の法則による「自治体倒産」の厳しい現実をもたらすことになりかねない．そこに働くのは，地域自身の個別利益の追求である．特定同種の財・サービスの供給に専門化し，集積のメリットを発揮しようとするそれぞれの地域は，少しでも他の地域を押しのけてでも市場でより有利な条件に立とうとするのであるから，競争し合う地域の求めるところは社会全体の厚生最大化にはない．もっとも，地域が専門特化をすすめることで，地域は自らの競争力を高めようとするわけであるが，求めるのは自らの効率性だけであって，社会全体の効率性向上にあるわけではない．社会全体の効率性が高まるのは，地域間の競争の副次効果ではあり得ても，それ自体が目的というわけではないのである.

　例えば，ある流域圏の全体空間として，上流のいくつかの地域が水源涵養や環境・景観保全の機能に専門特化し，下流の地域が工業生産を地域分担するという形は，空間分業最適化の一つのモデルではある．しかし，工業化されていない方の地域の利害は，おそらくそこを開発し工業誘致を図って地域の厚生を最大化させることにあり，したがって，この場合は地域の専門化でなしに地域の複合化であって，このようにして地域間の開発競争がますます激化していくことになる.

　そうであるから，空間分業の道をとるか，または地域間競争の道をとるかは二者択一的である．一つは，社会全体の厚生最大化目的で，国が計画的に

それぞれの空間機能を地域に分担させる機能空間的分業の道をとるか，他は自立的単位として勝手にそれぞれの地域が自らの利益だけを追求する地域間競争の道を選ぶかのいずれかであり，後者では分業ではなく，いかに競争に打ち勝つことができるかだけが問題である．これまでの競争理論も，地域間競争が予定調和的に空間分業の最適化をもたらし得ると明らかにし得たものはない．

地域間競争が空間分業の最適化をもたらすことができるのは，前者のように社会全体の厚生最大化のため，市場では条件不利の限界地域ではあっても，社会全体としては，その多面的公益機能の発揮のため開発は抑制しなければならない場合には，受益者である開発地域か，または社会全体が，受益に応じて条件不利地域の逸失便益を補償する場合だけである（いわゆるカルドア・ヒックスの「補償原理」）．

ここに，市場と競争機構の不完全さに対する国の政策的介入の根拠がある．ただ，問題は（あるべき）補償支払い高をどう決めるかにあり，それは社会全体の厚生最大化をどのような形でオペレーショナルなものにできるかに係っている．全体としての空間分業最適化のために，最善の地域特性をどのように決めるのか，空間分業の最適性をどのように評価するのか，社会的便益・社会的費用とともに，その大きさは定量化できるのか，その因果帰属性の把握と「内部化」は可能か，等々の補償基準の諸問題について，それを政策的に運用可能なものにすることが必要になるが，これが難しいわけである．

しかし，地域間競争の激化によって地域間の専門特化の必要性が明らかになるにつれ，空間分業にとって重要な，それぞれの地域のそれぞれのポテンシャルとその機能増進の根拠も明白になる．市場競争で，一方での条件有利地域は，その条件有利性による集積効果によってますます競争優位に立つ．しかし，同時に集積のもたらす社会的費用も大きくなる．他方では，条件不利地域だけが供給できる多面的な社会的便益の生産の意義がますます増大するのである．

（3） 機能空間的分業と分業メリットの内部化

　これまでの全総計画では「公理」として，当然視されてきたフルセット一体主義での国土の均衡発展の理念に比べて，『五全総』のコンセプトの際立った計画手法は，その表題の「地域の自立の促進と美しい国土の創造」に示される空間機能の地域分担，つまりは新しく「空間分業」のコンセプトを全面的に — 地域間だけでなく，地域内，さらにはグローバルにさえも — 取り入れたことである．その重点をひとことで言えば，国土のガーデンアイランド（庭園の島）化という「地域計画のエコロジー化（Ökologisierung der Regionalplanung)」にある．

　一般に，空間機能の地域分担には二つのモデルがあり得る．『四全総』に示された均衡的機能空間コンセプトでは，「多極分散」の形で広域地域間に，大都市中枢機能，特にその経済機能の空間分化が促進された．しかし，地域の内部においては，これまでの国土の均衡発展，地域間格差是正といった規範的命題を踏襲して，すべての地域で生活・居住条件のミニマム・スタンダードを保障すべきだとして，国土全体の等価的な一体的条件整備が行われてきた．したがって，このモデルでは居住する地元の地域内で，すべての生活条件（インフラ，就業機会，環境など）がアクセス可能な範囲に整備されることによって，他の地域の機能に依存する必要はなくなり，人口流出にストップがかけられることになる．

　これに対して，『五全総』の機能空間的分業モデルでは，すべての地域で生活・居住条件の等価性を整備していくという考え方を捨て去ったわけではないが，それ以上に「美しい国土の創造」という全体空間の整備目標に向けて，エコノミーの座標軸とエコロジーの座標軸を巡って，地域間にそれぞれ特化した空間機能を地域分担していくことで，全体として多様性のある個性的な地域づくりを志向する．

　つまり，このようなコンセプトでは，ミニマム・スタンダードによる均衡発展を超えて，国土全体のグランドデザインの下でそれぞれの地域に突出した地域個性を求め，それを他のすべての地域，いわゆる「国土軸」全体の分業システムの中に組み込むことによって，国土全体としては水平的なネット

ワークで，効果的に美しく風格ある国土を創造しようとする．
　それぞれの地域が，それぞれの空間機能に多様に個性ある形で重点特化するわけであるから，それぞれの地域内の住民にとっては，そうした機能以外の暮らしの機能については，それを他の地域に委ね依存することになる．これは，とりわけ環境や景観に重点をおいて整備されるエコロジー特化の中山間地域では，工場誘致や用地造成といった，開発による就業機会や所得の向上などは計画的に抑制されて，他のエコノミー機能特化の開発重点地域にそれを依存するような場合である．
　ここでは，地域間格差の是正や暮らしの諸条件の等価性といった規範的理念は修正を受けることになる．機能空間的分業コンセプトでは，暮らしのミニマム・スタンダードは最早全国一率に決められるものではなくなり，機能の地域分担に即した地域類型のいかんによって，政策的に段差をもつ形で整備される．そして，都市機能に重点特化する地域には都市型の格差是正地域があり，農村部には，それぞれ多面的公益機能の地域分担に応じたレベルでの格差是正地域があり，是正のためそれぞれのレベルでの政策投入が行われることになる．
　農村部，とりわけ中山間地域は，国土・景観保全，水源かん養，人間性かん養，レクリエーション，伝統文化保持，といった空間機能への重点特化のためには，公的投資によるインフラの整備水準も，原理的に言えば，より低いレベルにとどまらざるを得なくなるし，所得向上や就業機会の創出のための条件整備もより制限的にならざるを得ない．重点機能を特定地域に計画的に分担させるためには，それ以外の空間機能は制限，ないし排除されるからである（図8.6）．
　このような新しい戦略の中心的な関心事は，資源希少性の時代にあって，都市部の都市機能のリノベーションにある．すなわち，大都市にあっては国際競争力のある都市機能を，地方都市にあっては個性的・自立的発展の源泉となり得る突出した機能の創出のためには，農村部，とりわけ中山間地域には，国土・環境保全等の多面的機能の維持・増進に重点・特化すること，このような地域分担によって，地域住民，都市住民を含めて，国民の生命・財

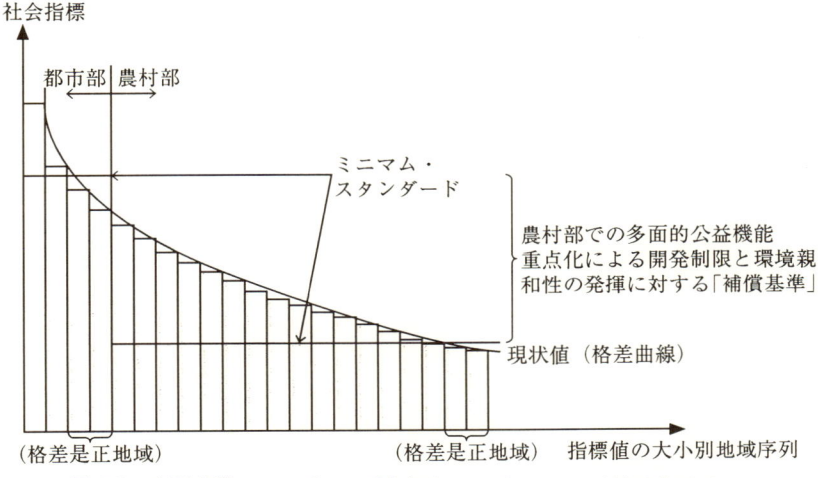

8.6 空間機能分業による計画コンセプト（Ⅱ） （ 179 ）

図 8.6　空間分業コンセプトと「内部化」アプローチ（地域政策手法Ⅳ）

産と豊かな暮らしを守る防波堤としての役割を果たすことが求められている．

　こうした空間機能の地域分担では，中山間地域農村では通常エコノミー座標軸に係る「開発」は抑制されて逸失便益が発生するのであるから，ここには何らかの形での公的補償が必要になる．補償は，原則としてその多面的公益機能への対価の支払いでなければならないが，それが最適になされるのでなければ，その機能はある場合には過小に，またある場合は過大にも生産されることになる．この財政（納税者）負担型の補償の最適化問題については，理論的にも，また政策面でも未だ十分体系的には答えられていないが，実際には直接所得補償や直接支払い制度など，事例的にはすでに種々の政策が実施，ないし検討されている状況にある（例えば，環境税・水源税・炭素税等のバッズ（悪）課税，グッズ（善）減税，環境有償性理論による値付け・料金設定，CO_2 ガス等排出権取引き法・炭素証券，デカップリング政策，森林交付税，等々）．

　同時に，空間分業のコンセプトは地域間の協調・調整と不可分である．地域間に，有機的で水平的な連携・交流が確保され，諸機能の分担とともにそ

の相互補完を通じて初めて効果的になり得ることから言えば，コーディネーターとしての国や自治体の役割は，計画的に，この分業的に組織された空間相互間を補完する協調・調整コスト部分を支払うことでなければならない．このような空間克服コストは，人と物財の交通円滑化と，交流・連携に係る情報ネットワーク化というインフラ整備である（例えば，就業アクセス円滑化，都市・農村交流の基盤整備，労働力流動化の職業訓練，等の公共投資）．

そして，この「地域連携軸」の整備コストが，空間分業による社会的便益の大きさと比較されることによって，その整備の最適化を実現することになる．しかし，空間分業によって生じる社会的便益の大きさを把握することは難しい．

一般的に言えば，費用・便益分析法によるときは，効果の過小評価になる傾向がある．これに対して，近年ベンチマーキングの政策評価手法（「便益価分析法」と同根異称のもの）が開発され，計画目標値に対する実際の目標到達度の「有効度（effectiveness）」としての整備効果を捉えるやり方もあり，こうして，概して費用・効果の分析手法は目下，開発途上にあると言える．

（4）農村空間機能の重点化とデザイン・コントロール

「機能空間的分業」のコンセプトでは，それぞれの地域が地域特性としてのそれぞれの空間機能に個性ある形で専門特化することになるのであるから，それぞれの地域内の住民にとっては，その特定機能以外の暮らしの機能は他の地域に委ね依存することになる．例えば，環境や景観といったエコロジー系に機能特化した中山間地域では，工場誘致や用地造成といった開発による就業機会や所得の向上は抑制されて，計画的に，エコノミー系の開発重点地域にそれを依存せねばならない．

農村，特に中山間地域における機能空間的分業についての基本的な考え方は，例えば表8.1であろう．ここでは，地域の構造特性の分級化に基づいて，例えば次のような重点（優先）機能のゾーニングが計画されている．

① 農業生産振興 ② 国土保全 ③ 水源涵養 ④ エコロジーバランス ⑤ 環境・景観保全 ⑥ 余暇レクリエーション ⑦ 耕作放棄，林地化 ⑧ 転用・開発促進

表 8.1　農村空間機能重点化の区分基準 I（客体基準によるコンテキスト型区分手法）

空間構造指導 \ 空間機能代替案		農業生産振興	環境保全					耕作放棄植林	転用開発促進
			国土保全	水源かん養	エコロジーバランス	環境景観	余暇レク		
自然構造	土地条件	＋						－	－
	環境景観構造		＋	＋	＋	＋	＋	－	
立地構造	農業構造	＋						－	－
	定住構造				(＋)	(＋)		(－)	－

注 (1) 空間構造指標の評点尺度：

＋：優良構造
－：劣等構造

1	2	3	4	5
非常に悪い	やや悪い	普通	かなり良い	非常に良い

注 (2) 空間構造指標例：
土地条件（気象・地形・土壌・地下水の他，団地化率，傾斜度，通作距離）
環境・景観構造（土地侵食・土砂崩壊危険度，水源涵養農林地率，環境・景観要素の面的拡がり，生態系多様度，景観魅力，入り込み客数，等）
農業構造（担い手層の多少，集落協定，耕作放棄，等）
定住構造（中心都市からの距離，影響度（交通・経済・生活面），高齢化率，若年者比率，財政力集落構造，等）

注 (3) ゾーニング類型例：
農業生産振興地区
公益機能増進地区
限界地農業地区
開発促進地区，等

注 (4) ゾーニングの大枠としては，「流域圏」に着目した国土の保全・管理

[注記]

　現在，『都市計画法』が 32 年ぶりに大改正されようとしている（平成 12 年 3 月）．これは，地方分権推進一括法で権限委譲の例として挙げられている「都市計画の決定権限（特に広域的な判断を要する都市計画を除く）」に沿って，国から自治体への権限委譲と「線引き」制度での市町村の自由裁量がその中心の内容となっている．

　こうした大改正の先き取り事例として有名な，観光地の長野県穂高町では，都市

計画新法を先き取りして，すでに町独自のまちづくり条例と土地利用調整基本計画を策定し，町内全域を次の九つのゾーンに分けて乱開発防止の体制をとっている．
　①田園風景保全ゾーン②農業保全ゾーン③農業観光ゾーン④集落居住ゾーン⑤生活交流ゾーン⑥産業創造ゾーン⑦公共施設ゾーン⑧文化保養ゾーン⑨自然保護ゾーン

　以上のように，種々の重点地域（地区）設定を主内容とする土地利用基本計画と空間機能の地域分担は，それがどのような形をとるにしても，特定の地域への特定の機能の計画的な張りつけは，あり得べきその他の機能を排除，ないし制限するという形で，土地利用のコンフリクトの問題を含むことになる．

　重点地域（地区）をどのような原則で編成するかについては，従来定式化までには到っていない．上述表8.1に示したように，従来は地域の資源特性の優劣による客観的分級という，コンテキスト型のハードな利用区分が一般的であった．しかし，これは広域レベルでの土地利用調整法としては妥当するし，また狭域レベルでも対症療法的な短期の機能調整としては有効ではある．しかし，例えば地方分権下で自治体に「線引き」の権限委譲の行われる時代になると，町づくりについて自らのグランドデザインに基づいた相対的な，計画主体による「デザイン・コントロール」（上記穂高町）という，利用ニーズによるパフォーマンス型のソフトな利用区分も同時に求められる．

　絶対的な客体優先度による利用重点化か，相対的な主体優先度による利用重点化かについては，両者は必ずしも調和的でなく，利用コンフリクトを惹起することが多い．この場合は，両者のコンフリクト・マネージメントの手法として，客観的に測定された分級基準とその測定結果を，計画主体（自治体）の主観的な価値選好に基づく相対的な重要度選好の重みづけを行うことによって，空間機能の利用優先度を合目的的に変換するというやり方（いわゆる「便益価分析法（Nutzwertanalyse）」）が考えられる（表8.2，表8.3）．

　空間機能の重点化と地域分担のコンセプトを具体的に適用するに当たっては，土地利用計画の方法論として次の四つの基本問題を抱えることになる．
　①広域か，狭域かという機能重点化のランドユニットの問題

8.6 空間機能分業による計画コンセプト（Ⅱ）

② 空間機能の地域分担は「絶対的」な基準によるのか，「相対的」な基準によるのか

③ 空間機能のオーバーラップの下での優先度決定問題

④「環境」のための「開発」抑制のような場合の，財政的補償と内部化問題．

　機能空間的分業については，通常は広域の空間スケールで地域間において理解される．例えば，環境や水源かん養といった機能は，一般には地域の境界を越えて広がる場合が多い．けれども，この場合には当然重点機能以外の別の空間利用もあり得るのであるから，特定機能の地域分担というのは，地域計画の一般原則を示すだけで，個別具体的なケースを示すというわけではない．

　問題なのは，狭域レベルでの重点地区の設定である．このレベルになると，地区の「線引き」についてその指定の根拠が厳しく問われるとともに，他の機能との重複問題についての判断を求められることになる．

　各種の空間機能は，部分的にも全体的にもオーバーラップしているのが常態であり，しかも行政区域とか経済圏などといった区分基準からはずれ込むのが普通である．また地域内で，地区間に機能分担させる場合には，特定の機能自体の要求する客体的な区分基準としてのランドユニットとは必ずしも直接関係することなしに，計画主体の利用ニーズに基づいて別の機能が求められることもあり得る．このように部分空間の実際の機能分担は，全体空間の計画の中で，面的広がりのランドユニットにおいて分担する機能と一致する「絶対的」な区分基準による場合だけではない．例えば，自治体のグランドデザイン（総合計画）のフレームで「相対的」に，特定機能の計画的促進についての地域の選択と集中という —— すなわち，客体的な利用区分の可能性を排して —— 主体的な「線引き」によっても決められる．そうであるから，両者の間には常に社会的に，政治的に緊張関係が生じることになる．

　各種の空間機能のオーバーラップしている具体的な地域レベルで，特定の空間機能を計画的に推進するためには，空間機能相互間の関連性，すなわち，どのような空間利用が相互に調和的であり，どのような空間利用が重複でき

表8.2 農村空間機能
（客体基準と主体基準との統合

空間構造指標				空間機能代替案	A	農業生産		環境保全			
					v	v_1		v_2			
					A_1	農業生産		国土保全		水源涵養	
					v_1	$v_{1.1}$		$v_{2.1}$		$v_{2.2}$	
K	g	K	g	k	g	e	NT	e	NT	e	NT
K_1 自然構造	g_1	$K_{1.1}$ 土地条件	$g_{1.1}$	$k_{1.1.1}$ 土質 $k_{1.1.2}$ 傾斜度 $k_{1.1.3}$ 団地化率 $k_{1.1.4}$ 通作距離	$g_{1.1.1}$ $g_{1.1.2}$ $g_{1.1.3}$ $g_{1.1.4}$						
		$K_{1.2}$ 環境景観構造	$g_{1.2}$	$k_{1.2.1}$ 土砂崩壊 $k_{1.2.2}$ 面的拡がり $k_{1.2.3}$ 生態系多様 $k_{1.2.4}$ 景観魅力	$g_{1.2.1}$ $g_{1.2.2}$ $g_{1.2.3}$ $g_{1.2.4}$						
K_2 立地構造	g_2	$K_{2.1}$ 農業構造	$g_{2.1}$	$k_{2.1.1}$ 担い手層 $k_{2.2.2}$ 集落協定 $k_{2.2.3}$ 耕作放棄 $k_{2.2.4}$ 農地流動化	$g_{2.1.1}$ $g_{2.2.2}$ $g_{2.2.3}$ $g_{2.2.4}$						
		$K_{2.2}$ 定住構造	$g_{2.2}$	$k_{2.2.1}$ 都市への距離 $k_{2.2.2}$ 都市化 $k_{2.2.3}$ 高齢化 $k_{2.2.4}$ 通勤兼業	$g_{2.2.1}$ $g_{2.2.2}$ $g_{2.2.3}$ $g_{2.2.4}$						
		$\Sigma g = 100$		$\Sigma g = 100$	$\Sigma g = 100$	$\Sigma NT_1 = NG$		$\Sigma NT_{2.1} = NG$		$\Sigma NT_{2.2} = NG$	
空間機能代替案の優先順位						第　位		第　位		第　位	

A：空間機能代替案　k：空間構造指標　g：空間構造指標の相対的な技術的重要度　v：空間機能の相対的な計画主体の推進選好度　e：空間構造指標値（変換共通尺度，例えば5段階評点による）
NT（A）＝ g・e・v：代替案の部分便益価
NG（A）＝ NT_1（A）＋ $NT_{2.1}$（A）＋…＋ NT_3（A）＋ NT_4（A）：代替案の合計便益価
ゾーニング型類型：農業生産振興地区（生産便益価 / 全体便益価→ max.）
公益機能増進地区（環境便益価 / 全体便益価→ max.）
限界地農業地区（限界値便益価 / 全体便益価→ max.）
開発促進地区（開発便益価 / 全体便益価→ max.）

8.6 空間機能分業による計画コンセプト（Ⅱ）

重点化の区分基準Ⅱ
によるパフォーマンス型区分手法）

環境保全			耕作放棄・植林	転用開発促進	$\Sigma v = 100$
v_2			v_3	v_4	$\Sigma v = 100$
エコロジー	環境景観保全	余暇レク振興	耕作放棄・植林	転用開発促進	
$v_{2.3}$	$v_{2.4}$	$v_{2.5}$	$v_{3.1}$	$v_{4.1}$	
e NT	e NT	e NT	e NT	e NT	
$\Sigma NT_{2.3} = NG$	$\Sigma NT_{2.4} = NG$	$\Sigma NT_{2.5} = NG$	$\Sigma NT_3 = NG$	$\Sigma NT_4 = NG$	
第　位	第　位	第　位	第　位	第　位	

第8章 中山間地域自立促進への新たな計画コンセプト

表8.3 参考表：便益価分析法の基本パターン

代替案				A / V / A / V	A_1 / V_1			A_n / V_2			ΣV
					$A_{1.1}$ / $V_{1.1}$	$A_{1.2}$ / $V_{1.2}$	$A_{1.n}$ / $V_{1.n}$	$A_{n.1}$ / $V_{n.1}$	$A_{n.2}$ / $V_{n.2}$	$A_{n.n}$ / $V_{n.n}$	ΣV
(目的) K	(目標) g K	g	(指標) k	g	e NT	e NT	e NT	e NT	e NT	e NT	
K_1 g$_1$	$K_{1.1}$	$g_{1.1}$	$k_{1.1.1}$ $k_{1.1.2}$ $k_{1.1.3}$	$g_{1.1.1}$ $g_{1.1.2}$ $g_{1.1.3}$							
	$K_{1.2}$	$g_{1.2}$	$k_{1.2.1}$ $k_{1.2.2}$ $k_{1.2.m}$	$g_{1.2.1}$ $g_{1.2.2}$ $g_{1.2.m}$							
	$K_{1.m}$	$g_{1.m}$									
K_2 g$_2$	$K_{2.1}$	$g_{2.1}$									
	$K_{2.2}$	$g_{2.2}$									
	$K_{2.m}$	$g_{2.m}$									
K_m g$_m$	$K_{m.1}$	$g_{m.1}$									
	$K_{m.2}$	$g_{m.2}$									
	$K_{m.m}$	$g_{m.m}$									
Σ g	Σ g		Σ g		Σ NT =NG	Σ NT =NG	Σ NT =NG	Σ NT =NG	Σ NT =NG	Σ NT =NG	
優先順位 (1)					順位：	順位：	順位：	順位：	順位：	順位：	
投資額，万円											
投資効率（＝便益価÷投資額）											
優先順位 (2)					順位：	順位：	順位：	順位：	順位：	順位：	

(注)：A＝代替案，K＝目的・目標，g＝目的・目標の重みづけ，V＝代替案の重みづけ（いわゆる「ハンディ」），e＝目標到達度，NT＝部分便益価（＝g・e・v），NG＝合計便益価（＝Σ NT）

ないかを明快に示し，そのうえで空間機能とその利用についてプライオリティを決めることが必要になる．空間機能相互間の関連性は，技術的関連性だけではない．それは主体的な関連性，すなわち自治体のグランドデザインの全体計画目標に照らした各機能の部門計画相互間の総合調整の結果として，空間機能重点化のプライオリティが決定されるのが合理的であり，かつ現実接近的である．

（相川哲夫）

おわりに

　広島県立大学は，広島県北部の中国山地の一角にある庄原市に立地しており，日々過疎化の重圧を受けている．開かれた大学であることを設立の理念の一つとし，地域社会発展への対応ができる人材の養成を目標の一つとする広島県立大学の研究教育において，地域との交流に努めるなかで，中山間地域の農業・農村問題は主要な研究教育課題となっている．中山間地域農業・農村の再生に関わる研究を深めるためには，上述のとおり，各地域の特長を踏まえた研究が積み上げられねばならないわけで，われわれは特に広島県中山間地域の実態を念頭において研究会を重ねてきた．

　広島県においては，「地域と連携し，地域に貢献する大学づくり」の一環として「地域活性化への貢献」が模索されているが，そのためには経済研究における総合化だけでなく，さらに，自然科学・社会科学・人文科学的研究の総合された研究がすすめられねばならない．しかし，そのような総合的研究が行われるためには，それを行う基礎的単位がそれぞれに独創的研究を進めていなければならない．単なる寄せ集めでは雑多化に終わり，創造的な総合化にはならないであろう．

　広島県立大学生物資源学部生物資源管理学科では，現在8名の構成員により，地域生物資源の運営管理に関わる研究が重要なテーマの一つとして追求され，教育においてもその成果が生かされるよう努力されている．そのような努力のささやかな成果を本書では示した次第である．すなわち

　第1章では，統計的分析により，わが国および広島県における止まることを知らない過疎と過密の進行の実態を示し，中山間地域再生には，市場経済合理性の修正や地域資源の循環的利用などの対応を図るための価値観の転換が必要であることを主張している．

　第2章では，中国地方中山間地域の緩急入り組んだ地形の提供する多様な水環境，多様な生物，エネルギー資源は，人間の考え方を切り換え，地域個別の事情を踏まえつつ，新しい時代の技術を導入して有効利用すれば，次の

世代を育む調和のとれた地域社会を創造するための有利な条件であり，そのことは決して困難な作業ではないことを示している．

　第3章では，中山間地域農業・農村構造の1960年以降の歴史的変遷過程を整理し，過疎化をもたらした条件，そして現在進行しつつある地域構造の再編過程の枠組みを示し，そのなかで住民が当面している課題を整理した．

　第4章では，中山間地域の過疎化は，経済発展による自作小農経営の存立基盤が喪失したため発現したのであり，その新しい発展のための担い手は産業型自立経営と兼業を含む地域内外の市民パワーによる市民農業であるとして，そのような担い手がどのように発現しつつあるかをNPOと芸北町，安佐北区に探った．

　第5章では，生命系を再生産し，持続性を保障する自然資本の位置づけとフロー追求型の経済構造からストック追求型の経済構造への転換による質的豊かさを伴う地域経済構造の再構築手法について考察し，地域複合農業を基盤としながら，産業の高次化による地域複合経済構造を整備するに際しての課題を事例調査により分析した．

　第6章では，中山間地域活性化のため，長期的に地域間連携によってアグリビジネスを推進し，フードシステムを再編することが望まれるが，今日の農業では高齢者および女性の就業が広く定着しているため，高齢者や女性にも対応できる緩やかな連携がもっとも適した長期戦略であること，そして事例合併農協ではそのような視点からの支援を推進し，また女性起業ネットワークも活発に活動を展開していることを解明した．

　第7章では，中山間地域での土地改良事業効果の評価問題で，農内効果だけでなく，農外の間接効果についての定性的，定量的な把握により，その多面的公益機能の受益者と受益高との評価による新時代のコスト・シェアリング方式を提言している．

　第8章では，これからの中山間地域自立のための計画の設計思想は，これまでの「格差是正」といったキャッチアップ型から離陸して，中山間の「あるべき姿」—「美しく風格ある国土形成」（新過疎法）— から逆算するプログラム型の設計思想に変えるべきことを主張している．

以上のとおり，本書で示せたのは，ささやかな成果でしかない．残された課題は多い．それらの解明については，今後新しい研究者を補強し，さらに研究が深化させられるとともに，他研究機関，自治体，農家の方々との連携を強めるなかで，総合研究として展開したい．ただ，今年度末に，管理学科の若干名が定年退官するということもあり，ここにわれわれの研究の中間報告を行うこととした次第である．もちろん研究は今後も継続し，成果も逐次発表されるはずである．本書の論考に対し，多くのご指導，ご批判を受けられれば，幸いである．

　なお，最後になったが，本書の刊行をお引き受け下さった養賢堂とくに矢野勝也氏に心から感謝の意を表わす次第である．

2001年3月

荒木幹雄

索　引

ア

アーバニゼーション効果 ……166
アウトプット・ミックス ……145
アグリビジネス …………131
アジアの複合農業 ………124
新しい地域問題 …………172
アダム・スミス ……106, 109
アメニティ目標群 ・149, 156, 157
アンテナショップ ……135, 141
一体的整備 …………162, 166
一対比較法 …………………150
稲作の後退と発展 …………67
インタンジブル ……………168
インタンジブル効果 ………143
ウイリアム・ペティ ………109
営農集団 ……………………80
エキスパート・サーベイ法 ……146
エコノミー目標群 …………149
エコロジー目標群 ・149, 156, 157
OEM …………………………133
大型営農団地 ………………122

カ

カール・マルクス …………109
開発経済 ……………………128
下位目標 ……………………148
カウンター・アーバニゼーション 171
科学的経済学 ……110, 111, 112
科学的経済学理論 …………127
過疎……………………………44
過疎化と住民の課題 ………81
過疎問題 ………………52, 105
活性度 ………………………152
貨幣評価法 …………………146
環境性 ………………………147
環境負荷 ……………………41
環境保全型農業 ……………105
観光農業 ……………………117
外延的拡大 …………………106
外部からの資源の導入 ……78
機会費用便益分析諸法 ……145
機能空間的分業 ・・160, 174, 176,
機能分担的均衡発展 ………160
基本的生産要素 ……………108
キャピタル・トランスファー
　　　　　　　　……159, 162
教育……………………………46
拠点・開発軸 ………159, 163
均衡的機能空間 ……159, 172
近似重点度 …………………150
近代経済学 …………………108
空間分化 ……………159, 166
空間分業 ……………………173

空間分業最適化 …………………175
計画目標活性度 …………………155
経済景観 ……………………………166
経済構造 ……………115, 116, 128
経済循環 ……………113, 115, 126
経済理論 ……………………………127
傾斜条件 ………………………………3
傾斜地農業の建設 …………………82
顕在資源 ……………………………108
限界効用 ……………………………146
公益的・公共的役割 ……………155
交換価値 …109, 110, 111, 112
交換価値経済 ……………110, 111
工業的生産様式 …………………110
耕作放棄地 …………………………117
耕地の借入れ状況 …………………70
高地区営農集団連絡協議会 ……72
耕地利用率 ……………………………13
交通（市場）立地規定 ……………4
行動規範 ………………………………47
効用 ……………………………………147
高齢化 …………………………20, 21
国営備北丘陵公園 …………………76
国土の不均等発展 ……………………6
国民休暇村吾妻山 …………………76
古典経済学 ……………111, 127
個別便益価 …………………………147
コンテキスト型 …………………182
コンテキスト型算定方式 ……157

サ

再生産過程 …………………………112
最適化 ………………………………180
里山 ……………………………………118
里山放牧 ……………………………119
産業革命 ……………………………106
産業型自立経営 ……………………86
産業の集積 ……………………………18
産業廃棄物 …………………………127
サンクコスト ………………………133
三次ピオーネ生産組合
　　………………120, 122, 124
三次ワイナリー ………124, 128
産地間競争 ……………………………34
参入障壁 ……………………………133
財政（納税者）負担型 …………179
資源循環 ………119, 124, 129
資源循環型 ……………116, 119
資源循環型社会 …………………123
資源循環型複合農業 ……………120
粗飼料 ………………………………118
市場原理 ……………………………114
市場の失敗 …………………………162
市場評価 ……………………………158
自然 physis …………………………112
自然 physischen Natur ………111
自然資源 natural resources
　　………………………108, 109

自然資本
　　　‥106, 107, 113, 114, 116,
　　　　119, 120, 127, 128, 129
自然循環 ‥‥‥‥113, 114, 128
自然立地規定 ‥‥‥‥‥‥‥4
質 (stock) ‥‥‥‥‥‥‥107
質的属性 ‥‥‥‥‥‥‥‥111
支払意思額法 ‥‥‥‥‥‥145
シビルミニマム ‥159, 164, 170
資本‥‥‥‥‥‥‥‥‥‥108
資本回転率 ‥‥‥‥‥‥‥106
資本設備 ‥‥‥‥‥‥‥‥116
市民農業 ‥‥‥‥‥‥‥‥86
社会環境効果 ‥‥‥‥‥‥146
社会指標 ‥‥‥‥‥‥‥‥167
社会資本‥‥107, 116, 127, 129
社会的価値 ‥‥‥‥‥‥‥110
社会的生産諸力 ‥‥‥‥‥110
社会的分業 ‥‥‥‥‥‥‥173
集積効果 ‥‥‥‥‥‥‥‥166
集積の最適規模 ‥‥‥‥‥161
主目標 ‥‥‥‥‥‥‥‥‥149
小規模零細経営 ‥‥‥‥‥117
商業年間販売額 ‥‥‥‥‥17
庄原市の営農集団組合 ‥‥‥71
　　──『過疎地域活性化計画』55
　　──概要‥‥‥‥‥‥‥53
　　──「全市土地基盤整備事業」
　　　‥‥‥‥‥‥‥‥‥68
　　──第3次産業‥‥‥‥‥75
　　──農業・農家の推移‥‥‥56
　　──農業機械の導入‥‥‥68
　　──農業経営は規模拡大‥‥68
　　──平均的稲作経営の収入‥69
庄原地区工業団地 ‥‥‥‥‥75
消費者余剰 ‥‥‥‥‥‥‥145
少品種多量生産 ‥‥‥‥‥114
食物連鎖 ‥‥‥‥41, 114, 127
食料自給率低下要因 ‥‥‥‥84
使用価値 ‥‥‥‥‥‥‥‥109
森林オーナー制度
　　（ウッドマンクラブ）‥‥‥92
GIS ‥‥‥‥‥‥‥‥‥‥39
GPS ‥‥‥‥‥‥‥‥‥‥39
自己完結性 ‥‥‥‥‥‥‥28
自作小農解体 ‥‥‥‥‥‥84
持続可能 ‥‥‥‥‥‥‥‥105
持続可能性 ‥‥‥‥‥113, 128
持続型経済構造 ‥‥‥‥‥105
持続型農法 ‥‥‥‥‥118, 119
持続性‥‥‥‥‥114, 116, 127
持続的成長 ‥‥‥‥‥‥‥116
持続的農業 ‥‥‥‥‥‥‥141
持続的発展 ‥‥‥‥‥‥‥105
持続的発展の可能性 ‥‥‥‥113
重点度 ‥‥‥‥‥‥‥‥‥149
住民の経営と生活の維持・向上‥82
重要度 ‥‥‥‥‥‥‥‥‥152

順位付け法 …………………149
循環型経済構造 ………107, 112
循環型構造 …………………129
循環型社会形成推進 ………127
純増便益価 …………………156
準レント ……………………133
上位目標 ……………149, 150
条件不利地域 ………………28
ジョン・ロック ……………109
薪炭製造業の衰退 …………66
人的資源（人間資源）
　　human resources …108, 109
垂直的整合 …………………132
スコアリング・モデル ‥143, 158
ストック ……………………119
ストック型経済構造
　　………………120, 128, 129
ストック重視 ………………116
生活圏 ………………………28
生産構造 ……………………114
製造品出荷額 ………………16
制度資本 ………107, 127, 129
整備水準 ……………………32
政府の失敗 …………………162
生物指標 ……………………40
専業農家 ……………………117
専兼別農家 …………………7
潜在資源 ……………………108
全国総合開発計画 …………159

ソーシャル・コスト ………161
総便益価 ……………………147
ソフト指標 …………………170
ゾーニング …………………180

タ

堆肥センター ………………122
滞留時間 ……………………127
大量消費型 …………………116
大量生産 ……………………116
多自然居住地域 ……………116
多次元的評価 ………………144
多品種少量生産 ……………114
多面的活性化目標 …………149
多面的機能 …………………155
タンジブル指標 ……………155
第1種兼業農家 ……………117
代替法 ………………………145
大資本の規制 ………………82
第2種兼業農家 ……………117
地域 …………………………113
地域活性化 …………80, 121
地域計画のエコロジー化 …177
地域経済構造 …………107, 116
地域資源
　　…………105, 115, 118
　　　　　　121, 126, 128
地域資源利用 ………………25
地域総生産額 ………………117
地域特性 ……………………29

地域内経済循環 …………107	等価性 ………………167
地域内発型アグリビジネス …132	投資効率 ………………33
地域の労働力と資源の放棄 …78	都市農村交流 …………125
地域複合経済 …107, 128, 129	土地(自然資源)…………108
地域複合経済構造 …………128	土地利用率 ………………13
地域複合経済循環構造 ……127	都道府県別県民所得 ………14
地域複合農業 ………107, 116	トラベルコスト法 ………145
地域ブランド …………122	取引費用 ………………132
地域連携 …………136, 139	ドルフィンバレイスキー場 …77
畜産廃棄物処理 …………124	ナ
竹炭農法 …………117	内発的発展の方向 …………80
地形的条件 ………………2	内発的発展論 ………………51
中位目標 ………149, 150	内部化 ………………176
中山間地域 …1, 27, 105, 114	内部化問題 ………………160
中山間地域の課題 …………51	肉用牛集約生産基地育成事業 …118
中山間地域の分析 …………52	肉用牛肥育経営 …………67
抽象的価値創出 …………107	認定農業者 ………………96
抽象的価値理論 …………127	農家兼業化の深化 …………73
抽象的な価値生産 …………112	農業革命 ………………106
抽象的な量 ………………111	農村活性化住環境整備事業
中心地の理論 ……………163	(ふるさとぴあ)………102
鳥獣害 ………………32, 117	農業構造 ………………116
直接効果 ………………144	農業システム …………114
定住環境の等価性 …………165	農業就業 ………………22
定住圏 …………159, 167	農業生産構造 ………105, 128
定住条件の等価整備 ………160	農業的機能 ………………155
適地適作 ………………40	農業農村活性化農業構造改善事業
デザイン・コントロール ……182	…………125
ディヴィッド・リカードウ …109	農作業体系 ………………31

農作業の受託 …………………70
農村公園 ………………125, 126
農法 …………………… 119, 128
農民層分解の強行 ……………79
農民層分解論 …………………53

ハ

廃棄物処理法 ………………123
繁殖肉牛 ……………………118
ハンス・イムラー ……………109
バーク堆肥 …………… 121, 123
バイオテクノロジー ………128
パフォーマンス型 …………182
パフォーマンス型算定方式 …157
肥育牛センター ……… 122, 123
比較優位論 …………………106
比較優位説 …………………127
比較劣位 ……………………120
非貨幣的評価法 ……………146
費用・便益分析法 …………180
費用便益分析 ………………143
広島県備北地域 ………………53
広島県立大学 …………………76
比和町の概要 ………………60
　　――『後期過疎地域活性化
　　　計画』 ……………61
　　――全般的落層傾向 ……65
　　――農業の概況 …………61
PB（プライベートブランド）…133
ピオーネ ……………………121

微生物 …………………………41
フードシステム ……………131
複合経済構造 ……116, 120, 128
複合農業 ……………119, 128, 129
複合農業経営 ………… 118, 124
複合農業構造 ………………129
複合農業政策 ………………128
二つの方向 …………………80
フリーライダー ……………158
フロー ………………………105
フロー重視 …………………116
物質循環
　　……… 105, 107, 112, 113
　　　114, 115, 116, 119
　　　124, 127, 128
物質循環型農業経営 ………117
物象的自然 …………………110
文化的資源 cultural resources
　　…………………… 108, 109
ヘドニック法 ………………145
便益価 ………………… 152, 157
便益価スコア ………………157
便益価分析法 ……143, 180, 182
便益分析 ……………………145
補償原理 ……………… 160, 176
圃場整備 ……………………44
ホタルの里スキー場 …………77
本源的生産要素 original means of
　　production ……………108

マ

道の駅 …………………… 43
ミニマム・スタンダード …… 165
目標樹木法 …………………… 146
目標体系 ………… 145, 146, 152
目標到達活性度 …………… 155
目標到達度 ……… 146, 151, 152
もりメイト倶楽部 Hiroshima …… 87

ヤ

野菜畑団地 ………………… 123
有機栽培 …………………… 128
有機農業 …………………… 120
有機農法 …………………… 118
有機無農薬栽培 …………… 119
有畜有機複合農法 ………… 118

緩やかな連携 ……………… 141
ヨーヨー法 …………… 149, 150
要整備活性度 ……………… 155

ラ

酪農などの発達 ……………… 71
リカード …………………… 106
量的 (flow) ………………… 106
量的・抽象的価値表現 …… 111
量的抽象的概念 …………… 112
労働 ………………………… 108
6次産業 …………………… 133

ワ

ワイナリー …………… 122, 126
和牛の子牛生産 ……………… 66

JCLS	〈㈱日本著作出版権管理システム委託出版物〉		
2001	2001年3月31日　第1版発行		
中山間地域の再生と持続的発展			
著者との申し合せにより検印省略	著作代表者	黒木 英二(くろきえいじ)	
	発 行 者	株式会社 養賢堂 代表者 及川 清	
ⓒ著作権所有	印 刷 者	株式会社 丸井工文社 責任者 今井晋太郎	
本体 2600 円			
発 行 所	〒113-0033 東京都文京区本郷5丁目30番15号 株式 養賢堂 TEL 東京(03)3814-0911 振替00120 FAX 東京(03)3812-2615 7-25700		
	ISBN4-8425-0077-8 C3061		

PRINTED IN JAPAN　　　製本所　株式会社丸井工文社

本書の無断複写は、著作権法上での例外を除き、禁じられています。
本書は、㈱日本著作出版権管理システム（JCLS）への委託出版物です。本書を複写される場合は、そのつど㈱日本著作出版権管理システム（電話03-3817-5670、FAX03-3815-8199）の許諾を得てください。